Karl-Gerhard Haas

BAUREIHE 120

Revolution der Antriebstechnik

trans press

Einbandgestaltung: Luis dos Santos
Titelbild: 120 145 am 31. August 1991 im Hauptbahnhof Stuttgart: Die 60 Serienmaschinen der Baureihe 120 waren die ersten Loks der DB, die in Orientrot abgeliefert wurden.
Foto: Marc Dahlbeck
Rückseite:
Mit dem IC 644 »Moritzburg« passiert 120 159 am 13. Juli 1997 das Stellwerk Ostermark Bk (Bahnlinie Magdeburg – Leipzig).
Foto: Uwe Miethe
Foto Seite 3: In voller Pracht blühen am 19. Juni 1997 die Blumen am Bahndamm bei Braschwitz an der Strecke Magdeburg – Leipzig, als 120 156 den IC 501 »Schauinsland« gen Süden zieht.
Foto: U. Miethe

Bildnachweis:
Die Urhebernachweise der zur Illustration dieses Buches verwendeten Aufnahmen sind jeweils vermerkt.

ISBN 978-3-613-71616-2

Ein Unternehmen der Paul Pietsch Verlage GmbH & Co. KG

1. Auflage 2022

Sie finden uns im Internet unter www.transpress.de

Lektor: Hartmut Lange
Innengestaltung: Jürgen Knopf
Repro: Medien und Printprodukte, 74321 Bietigheim
Druck und Bindung: Conzella Verlagsbuchbinderei, 85609 Aschheim-Dornach
Printed in Germany

Vorwort

Mit der Elektrolokomotive der Baureihe 120 betrat die ehemalige Deutsche Bundesbahn (DB) technisches und betriebliches Neuland. Der damals revolutionäre Einsatz von Drehstrom-Asynchronmotoren, das Ende der Unterscheidung zwischen Elektrolokomotiven für Güter- und Personenzüge, weniger Gewicht und Wartungsaufwand – all diese Dinge sprachen dafür, auf den noch unerprobten Antrieb zu setzen. 1979 stellte die DB 120 001 in Dienst, bis zum Sommer 2020 waren die Loks im Planeinsatz. Insgesamt 65 Exemplare (einschließlich der Vorserienmodelle) produzierte ein Konsortium von AEG, BBC, Henschel, Krauss-Maffei, Siemens und Thyssen-Krupp. Die Technik der unscheinbaren Zugmaschine wurde zur Blaupause für alle modernen Loks und Triebzüge – gleich, ob sie ihren Strom aus der Oberleitung oder von einem Akku oder Dieselgenerator beziehen; wesentliche Komponenten leben in den Triebköpfen von ICE-1 und -2 fort.
Dieses Buch erzählt, warum die Baureihe 120 bei ihrer Indienststellung ein Meilenstein war, weshalb es fast 80 Jahre dauerte, bis aus den ersten Versuchen mit Drehstromtechnik für die Eisenbahn alltagstaugliche Fahrzeuge wurden, und was die Überlegenheit des Drehstromantriebs ausmacht.

Karl-Gerhard Haas

Inhalt

1. Warum die BR-120 ein Meilenstein ist

Elektrische Lokomotiven und Triebzüge sind das Rückgrat des modernen Schienenverkehrs, wie wir ihn im 21. Jahrhundert kennen und schätzen. Bereits 1901 wurde zwischen Marienfelde und Zossen bei Berlin ein 23 Kilometer langes Teilstück der preußischen Militäreisenbahn mit Drehstrom einer Spannung von 10.000 Volt (V) und der üblichen Stromnetzfrequenz von nominell 50 Hertz (Hz) elektrifiziert. 1903 erreichten darauf Triebwagen von AEG und Siemens Geschwindigkeiten von mehr als 200 Stundenkilometern (km/h). Am 27. Oktober 1903 stellte das AEG-Fahrzeug mit 210,2 km/h eine Weltrekord für Fahrzeuge auf. Zu jener Zeit gab es weder ein schnelleres Flugzeug noch ein schnelleres Auto. Für Traktion sorgten bei diesen Rekordfahrten schon damals Drehstrommotoren.

Die Aufnahme der geschmückten Eröffnungszüge (ICE-V und der parallel dazu verkehrenden 120 103) entstand am 30. Mai 1987, dem Tag des Fahrplanwechsels an der (späteren) Abzweigstelle Saalbach (Waghäusel). Die Deutsche Bundesbahn nahm an diesem Tag den ersten Teilabschnitt der Neubaustrecke (NBS) Mannheim – Stuttgart in Betrieb. Die Gleise nach Stuttgart waren noch nicht angebunden, die beiden Züge befuhren die Strecke über Graben-Neudorf nach Karlsruhe.
Der Abzweig Saalbach kann seit 1988 in Richtung Karlsruhe mit 200 km/h befahren werden. Hierzu wurden neu entwickelte Korbbogenweichen eingebaut. Der Fotograf Charly Kissel erinnert sich noch heute an die aufregenden Umstände zur Entstehung dieses Fotos: »Mein Fotopunkt zwischen den beiden Betriebsgleisen nach Karlsruhe auf der Trasse der noch nicht fertiggestellten NBS nach Stuttgart wurde durch die Bahnpolizei für mich, der ich damals als Planer im Auftrag der Deutschen Bundesbahn (Projektgruppe Karlsruhe) für NBS-/ABS-Maßnahmen bei einem namhaften Consulting-Büro tätig war, zugewiesen und von der Bahnpolizei in meinem Rücken gesichert.« Foto: Ch. Kissel

Die Loks der Baureihe 120 kamen während ihrer Dienstzeit regelmäßig auf den Schnellfahrstrecken zum Einsatz. Am 5. Juli 2000 kreuzt eine 120er mit ihrem IC auf der Fahrt über die Schnellfahrstrecke Hannover – Würzburg kurz hinter Würzburg bei Tiefengruben die Kinzigtalbahn von Fulda nach Hanau. *Foto: V. Emersleben*

Nur: Mehr als ein Weltrekord kam bei diesen Experimenten zunächst nicht heraus. Zwar zeigte sich schon damals, dass der Drehstromantrieb dank seines hohen Drehmoments durchzugsstark ist, zudem kompakt und wartungsarm. Aber der Blick auf die historischen Fotos verrät, warum die Idee zunächst wieder in der Schublade verschwand. Gleich drei Fahrdrähte pro Gleis wären auf hunderte Kilometer weit reichenden, das Land durchquerenden Schienenverbindungen kaum bezahlbar, zudem extrem störanfällig. (Mehr zur Geschichte und Technik des Bahnstroms und der Fahrmotoren im nächsten Kapitel.)

Und was man auf den historischen Fotos nicht erkennt: Die »Lokführer« hatten auf diesen Vehikeln fast nichts zu tun; die Geschwindigkeit wurde von einem Leitstand aus gesteuert, indem man die Stromfrequenz für die gewünschte Geschwindigkeit einstellte. Unter Elektrotechnikern kursiert die Anekdote, der AEG-Triebwagen sei deswegen der schnellere gewesen, weil die AEG-Versuchsleiter dem Wärter im Leitstand den besseren Cognac mitbrachten, woraufhin dieser das AEG-Gefährt mit ein bisschen mehr »Saft« versorgt haben soll…

Übrigens zeigte sich schon bei diesen frühen Versuchen, dass der Oberbau für Hochgeschwindigkeitsfahrten mindestens so wichtig ist wie die Triebfahrzeuge selbst. Die ursprünglich verlegten Schienen und deren Gleisbett waren dem hohen Tempo nicht gewachsen und mussten durch stabilere Exemplare ersetzt werden. Erst der verstärkte Oberbau ermöglichte die Rekordfahrten.

So eindrucksvoll diese frühen Rekorde sind: Für den praktischen Bahnbetrieb hatten sie jahrzehntelang kaum Bedeutung. Denn in Deutschland und weiteren europäischen Ländern entschied man sich zu Beginn des 20. Jahrhunderts aus rein pragmatischen Gründen für den

Nach seiner Rekordfahrt am 23. Oktober 1903 präsentiert sich der Siemens-Schnelltriebwagen mit allen Beteiligten stolz dem Werksfotografen. *Foto: Archiv transpress*

Railpool-Lok 187 003 (Bombardier Traxx AC3) wartet in Avenches VD, Schweiz, auf ihren nächsten Einsatz (19. April 2019). *Foto: Wikimedia Commons – Joachim Kohler-HB (CC BY-SA 4.0)*

Vorserienlok 120 002 im Bahnbetriebswerk Würzburg Hbf (21. Juli 1984). *Foto: Wikimedia Commons – Benedictus/ Benedikt Dohmen (CC BY-SA 3.0)*

Mit dem Güterzug 45663 nach Köln-Gremberg passiert die DB-Cargo-Lok 187 145 (Bombardier Traxx 3) am 18. Juli 2020 den Haltepunkt Bonn-Oberkassel. *Foto: Wikimedia Commons – Rob Dammers (CC BY 2.0)*

Oberhausen West am 21. September 2020: Locon-Lok 187 309 nähert sich mit einem Güterzug, der aus Containerwagen der Gattung Sggrss besteht, dem Stellwerk Mathilde. Foto: Wikimedia Commons – Rob Dammers (CC BY 2.0)

Einphasen-Wechselstrom (vgl. Abschnitt 2.1.2) bei der Elektrifizierung von Bahnstrecken.

Erst mit dem Flüggewerden der Leistungselektronik in den 1960er Jahren vollzog sich ein Wandel. Wenige kompakte, wartungsarme Komponenten erledigten plötzlich nahezu ideal und stufenlos, was zuvor nur wuchtige Schaltwerke und andere sperrige Bauteile vermochten – wenn überhaupt. Nun war es möglich, den Gleichstrom oder einphasigen Wechselstrom aus der Oberleitung »mundgerecht« in Drehstrom zu verwandeln.

Statt der vorher nötigen Reihenschluss-Kommutatormotoren konventioneller Elektrolokomotiven bewegten endlich die wesentlich kompakteren und wartungsärmeren, wechselrichtergespeisten Drehstrom-Asynchronmotoren Lok und Wagen. Einen Leitstandswärter wie in Marienfelde benötigte man auch nicht mehr: Die Leistungselektronik regelt per passender Stromfrequenz den Motor und damit die Geschwindigkeit.

Die Baureihe 120 sollte noch ein weiteres Problem lösen. Vor dieser Lokomotivgeneration unterschieden die Eisenbahner zwischen Loks für Güter- und solchen für Personenzüge. Güterzugloks sind auf hohe Anfahrzugkraft und möglichst hohe Zuglasten ausgelegt, Personenzugloks auf hohe Geschwindigkeit. Die BR 120 sollte die Universallokomotive der Deutschen Bundesbahn werden; Disponenten sich keine Gedanken mehr machen müssen, welche Art Zug eine Lok ziehen sollte.

Als die Deutsche Bundesbahn noch Staatsbahn der früheren – westdeutschen – Bundesrepublik war, war es üblich, dass Bahn und Lokbauer neues Rollmaterial gemeinsam entwickelten und erprobten. Ebenso war es üblich, dass man Konsortien bildete – an älteren elektrischen Bahnfahrzeugen finden sich immer mehrere Herstellernamen. Im Falle der 120er-Prototypen arbeiteten Brown, Boveri & Cie (BBC, verantwortlich für die elektrische Ausrüstung) mit Thyssen-Henschel, Krauss-Maffei und Krupp zusammen.

Am 14. Mai 1979 nahm die damalige Deutsche Bundesbahn mit der 120 001 ihre erste Drehstromlokomotive in Betrieb. Sie und ihre vier Erprobungsschwestern trugen ursprünglich die purpurrot-/elfenbeinfarbige Lackierung der Trans-Europ-Express-Züge jener Tage, die jener der Erster-Klasse-Intercity-Wagen entsprach. Mit Ausnahme von Lok 120 005 waren alle Prototypen zunächst für eine

Eine 120er überquert mit dem IC 864 am 20. September 1996 die Saalcbrücke bei Bad Dürrenberg (Strecke Leipzig – Großkorbetha). *Foto: U. Miethe*

Der Nachtzugverkehr der DB AG ist schon lange Geschichte: 120 139 erwartet am 10. März 2007 mit dem CNL 409 nach Zürich HB im Bahnhof Hamburg-Altona die Fahrgäste, die im Schlaf in die Schweiz reisen werden. *Foto: U. Miethe*

Eine von zehn Loks vom Typ Stadler Eurodual, die die Havelländische Eisenbahn einsetzt. Am 14. September 2018 präsentiert die Maschine in Wustermark das neue Design.

Foto: Wikimedia Commons - Jörg Schulze, Brandenburg (CC BY-SA 4.0)

Höchstgeschwindigkeit von 160 Stundenkilometern zugelassen, 005 hingegen durfte von Anfang an mit 200 Stundenkilometern über die Gleise rasen.

Die Loks der Baureihe 120 waren zudem die ersten druckertüchtigten Lokomotiven im DB-Fuhrpark – anders als ihre Vorgänger konnten sie problemlos mit hoher Geschwindigkeit die Tunnel der damals entstehenden Hochgeschwindigkeits-Neubaustrecken befahren.

Wie bei jedem radikal neuen Design gab es auch bei der Baureihe 120 Kinderkrankheiten. Die wurden aber schnell beseitigt, schlussendlich 60 Serienmaschinen der Lok von der DB erworben, wobei dann ebenfalls die beiden anderen großen Elektrofirmen AEG und Siemens in die Lieferung eingebunden wurden. Damit nicht genug: 1984 erreicht 120 001 mit fünf Wagen am Haken die Rekordgeschwindigkeit von 265 Stundenkilometern.

Angepasst an die Landesbesonderheiten fuhren zwölf direkte Verwandte der 120er als El 17 bis 2014 bei der Norwegischen Staatsbahn (Norges Statsbaner, NSB). Von 1984 bis 1986 sowie von 1992 bis 1993 erwarb die Dänische Staatsbahn (Danske Statsbaner, DSB) mit den EA 3000 insgesamt 22 Lokomotiven, die ebenfalls auf der Baureihe 120 fußen.

Wer die Historie weiterer Elloks bei der DB verfolgt, weiß: Von anderen Baureihen entstanden größere Stückzahlen. War die 120er also doch nicht der große Wurf?

Keineswegs – aber Politik und geänderte Prioritäten verringerten das Interesse. Von ihrer Auslieferung bis zur Bahnreform bewährten sich die Lokomotiven, wie erhofft, vor Personenschnell- wie Güterzügen gleichermaßen, im Personenfernverkehr waren sie vor Intercity und Interregio auf den Neubaustrecken Platzhirsch. Aber mit der Bahnprivatisierung 1994 und der damit einhergehenden Trennung von Fern-, Regional- und Güterverkehr hatte sich für die heutige DB-Aktiengesellschaft das Konzept der Universallokomotive erledigt. Die Trennung von Regional- und Fernverkehr bedeutete zudem das Ende der beliebten Interregio-Züge, was den 120ern ein weiteres Einsatzgebiet nahm. Schließlich zeigte sich im Alltag, dass eine wirklich universelle Lokomotive viele Anforderungen erfüllen und Ausstattung mitführen muss, die dann doch oft nicht gebraucht wird – für einen Güterzug benötigt man in der Regel keine Lok mit aufwendigen Drehgestellen für eine Dauergeschwindigkeit von 200 Stundenkilometern oder Wendezugsteuerung. Kleinere, nicht divisionalisierte Bahnen wie in Österreich oder der Schweiz halten jedoch am Konzept der Universallokomotive weiter fest.

Das technische Prinzip, also die Kombination von Leistungselektronik und Drehstrom-Asynchronmotor, lebt in fast allen modernen Lokomotiven und Triebzügen fort – überall auf der Welt. Als klassische Elektrolokomotive beziehungsweise Triebzug erlaubt die Technik freie Fahrt unter den historisch gewachsenen verschiedenen Bahnstromsystemen Europas – elektrisch ist grenzüberschreitender Zugverkehr kein Problem mehr. Heutzutage ist für Fahrzeugbauer wie Bahnbetreiber die größte Herausforderung, die immer noch nicht vereinheitlichten nationalen Zugsicherungssysteme in Europa unter einen Hut zu bringen. Der kompakte Drehstromantrieb erlaubt zudem den Bau effizienter dieselelektrischer Lokomotiven. Motto: Stromabnehmer und Transformator raus, Dieselgenerator rein. Viele aktuelle Lokomotivfamilien, etwa die Siemens Eurorunner ER 20 und Vectron DE, folgen exakt diesem Prinzip. Der letzte Schrei sind Hybridkonzepte. Je nach Hersteller und Modell gibt es Elektrolokomotiven, die für die ersten und letzten Meter der Fahrt auf nichtelektrifizierten Anschlussgleisen (»Last Mile«) als Rangierantrieb über einen Dieselgenerator verfügen (etwa die entsprechenden Bombardier-Traxx- oder Siemens-Vectron-Typen) oder Streckenloks, die mit Strom oder Diesel fahren können, wie die Stadler EuroDual.

Mit diesen Loks der Gegenwart schließt sich auch der Kreis zu den ersten Forschungsträgern für die Baureihe 120 – der Experimentallok Henschel-BBC DE 2500 (202). Schon in ihr lieferten Dieselgeneratoren den Strom für die Wechselrichter der Drehstrom-Asynchronmotoren. Ironie der Geschichte: Das geschah mitten in den 1970ern, als die DB im Tagesgeschäft ausschließlich auf dieselhydraulische Loks setzte.

Stadler Eurodual 2159 208 wartet am 26. Mai 2020 im Vorfeld des Dresdener Hauptbahnhofs auf den nächsten Einsatz.

Foto: Wikimedia Commons - Rainerhaufe (CC BY-SA 4.0)

2. Eisenbahn unter Strom

Zu Beginn des Bahnzeitalters gab es von Pferden gezogene Straßen- und gelegentlich sogar Überlandbahnen, etwa in Österreich die Strecke Linz – Budweis. Aber erst mit der Entwicklung der ersten praxistauglichen Dampfmaschine durch Thomas Newcomen 1712 und der Eröffnung der ersten dampflokbetriebenen Eisenbahn von Stockton nach Darlington 1825 in England nahm das System Schiene buchstäblich Fahrt auf, begann die Industrielle Revolution, die immer noch unseren Alltag bestimmt.

120 502 der DB Systemtechnik am 30. April 2007 in Minden: Anfang 2005 erwarb die DB Systemtechnik 120 153 und 120 160, die im Werk Nürnberg (NNX) eine Generalüberholung IS 703 erhielten. Dabei wurde aus 120 153 die 120 501 und aus 120 160 die 120 502, die beide deutschlandweit mit Versuchs- und Messzügen zum Einsatz kamen. Im September 2016 erhielten beide Maschinen wieder ihre ursprünglichen Loknummern. Nach einem Hochspannungsüberschlag im Maschinenraum am 9. September 2020 diente 120 153 als Ersatzteilspender für die noch aktive 120 125. Die von DB Netz erworbene 120 160 (ex 120 502) wurde nach dem Fristablauf im März 2021 abgestellt. Foto: U. Miethe

Der Maler John Dobbin (1815 – 1888) schuf das Gemälde »Opening of the Stockton and Darlington Railway in 1825«. Das Original hängt im National Railway Museum, York (Großbritannien). *Foto: Wikimedia Commons – Trzęsacz (public domain)*

Plötzlich ließen sich Waren preiswert in großer Zahl produzieren und mit der Bahn vergleichsweise schnell zu Kunden in aller Welt befördern, konnten die Leute reisen. Bis zu diesem Zeitpunkt verließen die Menschen ihren Geburtsort nur selten – auf Schusters Rappen ist der eigene Aktionsradius begrenzt, Pferde waren fürs einfache Volk unerschwinglicher Luxus, Fahrten mit der Kutsche teuer, gefährlich und unbequem. Von Fahrkomfort konnte man auf den damals üblichen Straßen und Wegen nicht sprechen, die mit Stahlreifen gefassten Holzräder der Kutschen reichten jedes Schlagloch und jeden Pflasterstein kaum gedämpft ans Sitzfleisch der bedauernswerten Fahrgäste weiter. Vor dem Aufbau eines Eisenbahnnetzes dauerte etwa die Reise vom französischen Toulouse in die Hauptstadt Paris per Kutsche 16 Tage. Mit der Eisenbahn schrumpfte die Fahrzeit auf wenige Stunden. Aber so bedeutsam und förderlich die Eisenbahn für die Entwicklung von Gesellschaft und Wirtschaft auch war: Übermäßig beliebt waren die zischenden, fauchenden Dampfrösser nicht. Viele Strecken aus den Gründerjahren der Eisenbahn plante man mit Bedacht um existierende Gemeinden herum – noch heute liegen viele Bahnhöfe kleinerer Orte außerhalb deren Kerns. Lärm und Rauch wollte man nicht mitten im Ort haben, an vielen Stellen mit historischer Bausubstanz fürchtete man auch durch Funkenflug ausgelöste Feuer. Ein von den Dampfrössern unabhängiger Grund war eine möglichst einfache Streckenführung – wenn es sich anbot, wurde ein Bahnhof auch mal mitten zwischen zwei Orte gesetzt.

Werner von Siemens baute die erste elektrische Straßenbahn der Welt, die 1881 in Lichterfelde bei Berlin den Betrieb aufnahm. Die Schienen wurden mit Gleichstrom gespeist. Der 4,8 t schwere Triebwagen war 5 m lang und 2 m breit, erreichte eine Höchstgeschwindigkeit von 40 Kilometern pro Stunde und bot Platz für 20 Personen. In den ersten drei Betriebsmonaten beförderte die Straßenbahn bereits 12.000 Fahrgäste (1882). *Foto: Wikimedia Commons - J JMesserly (public domain)*

Die Bahnbetreiber schätzten die Dampfloks ebenfalls nur, weil es nichts Besseres gab. Das Feuer unterm Kessel der Vehikel wollte Stunden vor Betriebsbeginn entfacht werden – mal eben schnell etwa wegen eines Schadens die Lok wechseln war nur möglich, wenn in den Betriebswerken Ersatz unter Dampf stand. Während der Fahrt fasste man oft mehrmals Wasser und Kohle nach, die Treibstangen verlangten nach regelmäßiger Schmierung. Zudem fahren Dampfloks schwerfällig an – die heutigen Taktzeiten vielbefahrener Strecken wären mit den Stahlrössern von einst schlicht unmöglich.

Noch bevor Verbrennungsmotoren für den Bahnbetrieb ausreichend Leistung lieferten, trat die Elektrizität ihren Siegeszug an. 1834 experimentierte Thomas Davenport im US-Bundesstaat Vermont mit batteriegespeisten Elektrofahrzeugen, die als Vorläufer der elektrischen Straßenbahn gelten. Der Schotte Robert Davidson entwickelte 1837 in Aberdeen eine ebenfalls batteriebetriebene Elektrolok. Johann Philipp Wagner, in Fischbach bei Bad Schwalbach geboren, demonstrierte 1840 einen Elektromotorwagen samt Anhänger, der auf einem Schienenkreis von 20 Metern Umfang fuhr. All diese frühen Versuche – Davenport experimentierte, bevor die erste Bahnstrecke Deutschlands eröffnet worden war – krankten an der damals unzureichenden Batterietechnik. Es wurde klar: Vernünftig arbeitet eine elektrische Bahn nur, wenn der Strom von außen zugeführt wird.

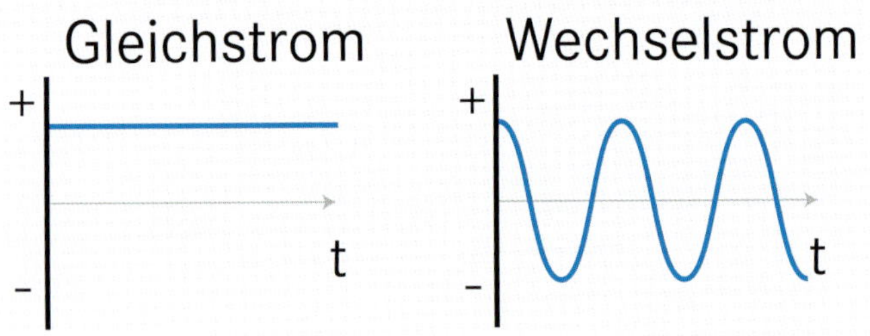

Gleichstrom (links) ändert seine Polarität nicht, fließt also immer in dieselbe Richtung. Wechselstrom (rechts) hingegen ändert fortlaufend seine Polarität.

Grafik: Jürgen Knopf

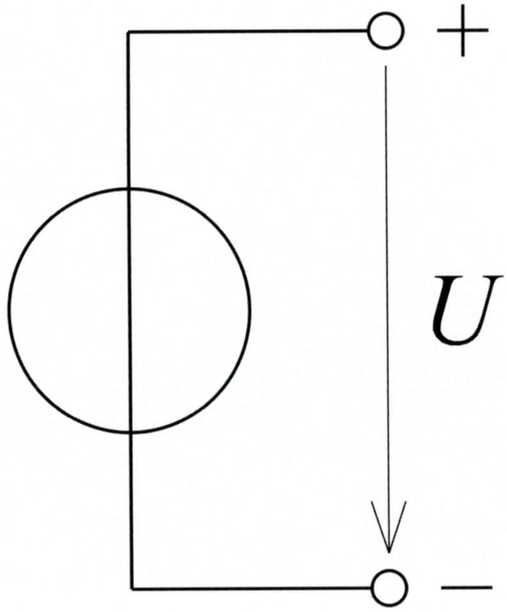

Schaltzeichen einer idealen Spannungsquelle

Foto: Wikimedia Commons -Saure (CC BY-SA 3.0 DE)

Dieses Prinzip realisierte als erster Fjodor Pirozki 1875 auf einer ein Kilometer langen Tram-Strecke im russischen Ostseebad Sestrorezk. 1879 demonstrierte Werner von Siemens auf der Berliner Gewerbeausstellung eine zuverlässig funktionierende Parkbahn, die von einer Elektrolok gezogen wurde, 1881 nahm die von Siemens konzipierte und gebaute Straßenbahn vom Bahnhof Groß-Lichterfelde zur Kadettenanstalt in dem heute zu Berlin gehörenden Flecken den Probebetrieb auf. Straßenbahnnetze reichten zu jener Zeit nur ein paar Kilometer weit, in den Wagen fanden nur wenige Fahrgäste Platz, schon mit Rücksicht auf andere Verkehrsteilnehmer waren von den Bahnen nur selten Höchstgeschwindigkeiten jenseits der 40 Stundenkilometer gefordert noch ihnen gestattet. Das ließ sich mit der Ende des 19. Jahrhunderts verfügbaren Elektrotechnik zufriedenstellend bewerkstelligen.

Eine Vollbahn elektrisch zu betreiben, ist hingegen wesentlich anspruchsvoller: Deren Gleisnetz erstreckt sich oft über mehrere hundert, wenn nicht tausend Kilometer; es gilt, schwere Güterzüge oder vollbesetzte Personenzüge mit einem Dutzend und mehr Wagen zu bewegen. Die Bahningenieure waren gefordert – sie mussten sich widersprechende Wünsche unter einen Hut bringen.

2.1 Der richtige Strom

2.1.1 Gleichstrom

Batterien, Gleichstromgeneratoren oder Gleichrichter liefern Gleichstrom, das heißt, in einem Stromkreis fließen die Elektronen stets vom Minus- zum Pluspol. (Aus historisch-technischen Gründen ist die Richtung des Stroms definiert als Fluss von Plus- zu Minuspol.) Soweit es die Stromquelle erlaubt, bleiben verfügbare Spannung und Stromrichtung gleich. Im Bahnbetrieb bilden ein Fahrdraht oder eine Stromschiene einen elektrischen Pol, das Gleis den zweiten. Allerdings gibt es auch Betriebe mit zwei isolierten Leitern für Plus- und Minuspol, etwa die Londoner oder die Mailänder U-Bahn, um Streuströme zu unterbinden, die Wasser- und Gasleitungen gefährlich werden könnten. In der Anfangszeit der Bahn-Elektrifizierung nutzte man gelegentlich zwei Fahrdrähte pro Gleis, beispielsweise mit ± 750 oder ± 1200 Volt gegen die geerdeten Schienen – so konnte man mit höheren,

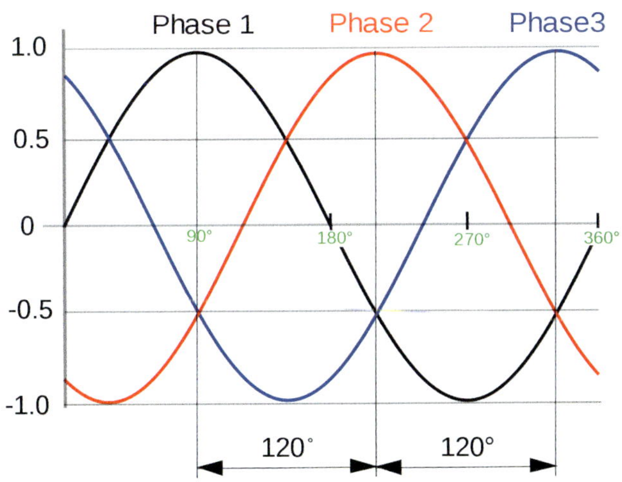

Drehstrom besteht aus drei phasenversetzten Wechselströmen, die über ebensoviele Leitungen transportiert werden.
Abbildung: Wikimedia Commons - J JMesserly (CC BY 3.0)

verlustärmer zu transportierenden Spannungen arbeiten, überforderte aber die Motoren und Schaltgeräte nicht mit für die damalige Zeit zu hohen Spannungen.

Die ersten elektrischen Straßen- und Untergrundbahnen wurden mit Gleichstrom aus einer Oberleitung oder Stromschiene betrieben, die einen oder mehrere Gleichstrommotoren versorgten. Das funktionierte zufriedenstellend, wenn auch der Gleichstrommotor kleinere Schwachpunkte hat – mehr dazu gleich. Das Problem bei einer Vollbahn ist die Versorgung der Strecke mit Gleichstrom. Um 1900 ließ sich die Spannung von Gleichstrom nicht oder nur umständlich und verlustreich herauf- oder herabsetzen (»transformieren«). Zudem lieferten und liefern die Generatoren in Kraftwerken meist Wechsel- oder Drehstrom, aus dem man erst wieder Gleichstrom erzeugen musste.

Warum ist das wichtig? Die durch die Stromversorgung lieferbare Leistung (Formelzeichen: *P*, wird in Watt angegeben) wird bestimmt durch die Stromstärke *I* (wird in Ampere beziffert) multipliziert mit der Spannung *U* (Maßeinheit: Volt). Will man mehr Leistung, kann man also die Stromstärke erhöhen, die Spannung oder beides. Aber: Die verfügbaren Bahn-Gleichstrommotoren vertrugen und vertragen nur Spannungen von wenigen hundert bis maximal 1500 Volt. Da man Gleichstrom nicht auf der Lok transformieren konnte, musste die Spannung auf dem Fahrdraht der entsprechen, die die Fahrzeugmotoren verkraften. Schaltete man auf Lok oder Triebwagen zwei 1500-Volt-Motoren elektrisch in Reihe, konnte man immerhin noch mit einer Netzspannung von 3000 Volt operieren. Aber auch das ist eine vergleichsweise niedrige Spannung, die nach höherer Stromstärke und damit dickeren, also schwereren und teureren Oberleitungen verlangt. Bei niedrigerer Spannung wirken sich zudem die materialbedingten Leitungsverluste stärker aus – betreibt man eine Vollbahn mit Gleichstrom, benötigt man mehr Einspeisepunkte (»Gleichrichter-Unterwerke«) entlang der Strecke – etwa alle zehn bis 25 Kilometer.

Die Nicht-Transformierbarkeit des Gleichstroms hatte für die Ellok-Pioniere einen Vorteil: Wenn die Fahrmotoren den Strom gleich in passender Spannung erhalten, braucht man keine teuren und schweren Transformatoren auf den Fahrzeugen. Zudem waren auch schon die frühen Gleichstrommotoren sehr durchzugsstark, weshalb beispielsweise U-Bahnnetze aus der Elektroantrieb-Anfangszeit (etwa die von Berlin oder Hamburg) trotz der vielen nötigen Unterwerke auf Gleichstrom setzten.

2.1.2 Wechselstrom

Wechselstrom ändert seine Polarität andauernd – im Haushalts- und Industriestrom in den meisten Ländern der Welt 50-mal pro Sekunde, weswegen man auch von 50 Schwingungen pro Sekunde spricht, die in der Einheit Hertz (Hz) gemessen werden. Man unterscheidet zwischen der tatsächlich herrschenden Wechselspannung und ihrem Gleichstromäquivalent (»Gleichrichtwert«). Die im Haushalt üblichen 230 Volt etwa entsprechen tatsächlich einer maximalen Plus- beziehungsweise Minus-Spannung von 325 Volt.

Wechselstrom sind die genannten Probleme und Nachteile von Gleichstrom fremd. Dessen Spannungshöhe kann beliebig transformiert und damit fast verlustfrei über große Distanzen transportiert werden, weshalb praktisch alle landesweiten und internationalen Stromtrassen mit Wechselstrom arbeiten. Nur für Seekabel und im Erdreich verlegte Trassen verwendet man heutzutage – wieder –

Die Baureihe E.432 war eine Elektrolokomotive der FS mit der Achsfolge 1'D1' für den Betrieb mit Drehstrom. 1928 wurden 40 Exemplare gebaut, die auf dem oberitalienischen Drehstromnetz eingesetzt wurden. Hier steht E.432 039 im norditalienischen Bahnhof Cuneo in der Region Piemont. (03.06.1972) *Foto: Eisenbahnstiftung/Joachim Claus*

Gleichstrom. Auch für den Bahnbetrieb mit Wechselstrom reicht ein Oberleitungsdraht und das Gleis als Gegenpol; Unterwerke sind nur alle 60 bis 80 Kilometer nötig. Mit Blick auf einen möglichst effizienten Energietransport zu Loks oder Triebzug auf Vollbahnen ist Wechselstrom also ideal.

Das gilt leider nicht für die um 1900 verfügbaren Motoren (Details dazu im Abschnitt »Motoren«). Ihre Schwächen führten dazu, dass in Deutschland, Österreich und der Schweiz (sowie Norwegen und Schweden), die sich 1912 für Bahn-Wechselstrom entschieden, eine eigene Stromversorgung mit 15.000 Volt Spannung und einer Frequenz von anfangs 16⅔, aktuell 16,7 Hz aufgebaut wurde. Länder wie etwa Frankreich oder Italien, die ursprünglich auf Gleichstrom setzten, betreiben ihre Hochgeschwindigkeitspisten aber mit 25.000 Volt/50 Hz, was direkt mit dem Siegeszug der Drehstromtechnik zusammenhängt. In Deutschland fährt die Rübelandbahn bei Blankenburg in Sachsen-Anhalt mit diesem Strom.

2.1.3 *Drehstrom*

Drehstrom oder Dreiphasenwechselstrom ist, wie schon der Name verrät, eine Variante des Wechselstroms. Es handelt sich um drei Wechselströme, deren Schwingungen von Plus nach Minus um jeweils 120 Grad, also ein Drittel einer vollen Schwingungsperiode, versetzt sind. Durch die Kombination dreier Phasen lässt sich mehr Energie zum Verbraucher bringen – in Haushalten werden typischerweise Elektroherde mit Drehstrom betrieben, ebenso viele Gerätschaften für Gewerbe, etwa große Sägen oder Maschinen, wie sie unter anderem die Landwirtschaft benötigt. Dadurch, dass ein Drehstromanschluss drei Phasen bereitstellt, ist er aber auch ideal für Motoren geeignet. Leichte, kompakte Motoren lassen sich durch die drei im Wechselstromtakt schwingenden Phasen mit hohem Drehmoment in Bewegung versetzen.

Dieser Vorteil des Drehstroms ist zugleich sein Nachteil: Um eine Lok oder einen Triebwagen-/zug direkt mit Drehstrom zu betreiben, benötigt man mindestens zwei Oberleitungen pro Gleis und Doppel-Stromabnehmer (s.o.) am Fahrzeug; die dritte Phase liegt dann an den Schienen. Die Stromabnehmer dürfen keinesfalls beide Drähte gleichzeitig be-

Testfahrten von ICE (Siemens Velaro D, links) und Alstom AGV (NTV) am 1. Dezember 2011 auf der LGV Rhin-Rhône vor deren Einweihung, Beide Züge werden von Drehstrom-Asynchronmotoren angetrieben.

Foto: Wikimedia Commons – Kevin.B/ Kyah117 (CC BY-SA 3.0)

rühren; die Leitungsführung über Weichen und Kreuzungen wird bei Drehstrombetrieb diffizil und insgesamt störanfällig. Auch die Drehstrommotoren haben nicht nur Vorteile, was ihren direkten Einsatz unter den Zwillings-Fahrdrähten verkompliziert. Ohne aufwendige Schutzmaßnahmen können Drehstrommotoren die Bahnstromversorgung überlasten, wenn in einem Netzabschnitt mehrere Drehstromloks gleichzeitig anfahren – Details dazu im Abschnitt »Motoren«. Die ersten in der Praxis installierten Bahn-Drehstromsysteme hatten eine Spannung von vergleichsweise niedrigen 3000 V – obwohl es sich technisch um einen Wechselstrom handelte, benötigte diese Umsetzung des Drehstrombetriebs viele Unterwerke.

2.2 Motoren

Ginge es nur nach dem Stromtransport, wäre einphasiger Wechselstrom der ideale Kandidat für den Bahnbetrieb. Genauso relevant für die Entscheidung über das optimale Stromsystem sind aber die Eigenschaften der Motoren.

2.2.1 Gleichstrommotoren

Wir erwähnten es bereits: Die frühen elektrischen Bahnen wurden meist mit Gleichstrom versorgt; in den Triebfahrzeugen arbeiteten folglich Gleichstrommotoren. Genau: Reihenschlussmotoren. Bevor wir uns mit ihnen befassen, ist es hilfreich, einen Blick auf ihre einfacher aufgebauten

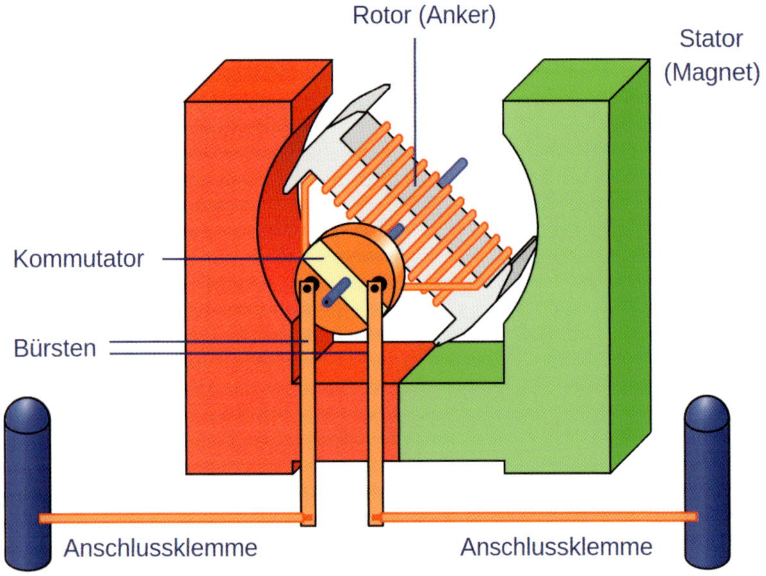

Der permanenterregte Gleichstrommotor ist die simpelste Form eines elektrischen Antriebs. Das im Anker durch Strom erzeugte Magnetfeld stösst sich von dem des Stators ab und versetzt den Anker in Drehung. *Abbildung: Wikimedia Commons - Honina/ Algos (CC BY-SA 3.0)*

Verwandten zu werfen, die permanenterregten Gleichstrommotoren.

Aus dem Physikunterricht wissen wir: Magnete haben einen Nord- und Südpol, gleiche Polaritäten stoßen sich ab. Diese Abstoßung lässt sich in Bewegung umsetzen. Ebenfalls Schulwissen: Ein mit Kupferdraht umwickeltes Eisenstück wird zum Magneten, wenn Strom den Draht durchfließt. (Das Gegenteil funktioniert auch: Bewegt man einen Magneten relativ zu einer Wicklung (»Spule«) erzeugt man Spannung, die einen Strom treiben kann.)

Ein permanenterregter Gleichstrommotor besteht aus einem Ständer, in der Technik Stator genannt, in Form eines magnetischen Nord- und eines Südpols. Beweglich im Stator ist der sogenannte Anker platziert, ein mit einer Drahtspule umwickelter Eisenzylinder. Die Drähte der Spule sind an den Polwender (»Kommutator«) angeschlossen, dem seinerseits Strom über »Bürsten« (eine Art Schleifkontakt) zugeführt wird. Der Polwender schaltet den Stromfluss in den Rotorleitern um, er macht also auf mechanischem Wege aus dem zugeführten Gleich- einen Wechselstrom. Magnetpole und Kommutator sind so zueinander angeordnet, dass die Polarität des zugeführten Stroms sich immer dann ändert, wenn der betrachtete Ankerleiter des Motors sich in der Mitte zwischen Nord- und Südpol des Stators befindet. Die gerade anliegende Polarität des Stroms erzeugt ein Magnetfeld mit derselben Polarität (Nord oder Süd) des umgebenden Magneten. Der Anker wird also abgestoßen und in Drehung versetzt.

In einem Reihenschlussmotor besteht der Stator nicht aus Permanentmagneten, sondern in der Grundform aus zwei mit einer Feldspule umwickelten Eisenstücken, den Erregerpolen. Die Stator- beziehungsweise Feldwicklung ist in Reihe mit dem Anker geschaltet, der Strom fließt also zunächst über Bürsten und Kommutator durch den Anker und von dort weiter durch die Statorfeldspulen. Wie erwähnt: Der Kommutator kehrt die Polarität des gelieferten Gleichstroms mit jeder halben Umdrehung um, dadurch wirken die Leiter bei der Passage des anderen Pols wie vor dem ersten Pol. Das von den Rotorströmen erzeugte Magnetfeld steht dadurch still und erzeugt im Zusammenspiel mit dem Statorfeld eine kontinuierliche Drehmomententwicklung und damit mechanische Leistung.

Der Reihenschlussmotor zeichnet sich durch sein hohes Anfahr-Drehmoment aus – steht der Motor oder bewegt sich nur langsam, ist die Gegeninduktionsspannung der Ankerwicklung niedrig, es kann also ein hoher Strom fließen – für Bahnfahrzeuge das ideale Anfahrverhalten. Wie fast alle Elektromotoren läuft er auch unter Last an, was für den Bahn-Einsatz erforderlich ist. Zudem lässt sich die Drehzahl eines Gleichstrommotors und damit die Geschwindigkeit des Fahrzeugs über die Höhe der vorgelegten Spannung, also mit einfachen Mitteln, vorgeben.

2.2.2 Wechselstrommotoren

Mit geringfügigen Modifikationen arbeitet der Reihenschluss-Gleichstrommotor auch mit Wechselstrom. Da es in der Technik viele Einsatzgebiete gibt, auf denen ein universeller Betrieb mit Gleich- oder Wechselstrom wünschenswert ist oder gar gefordert wird, nennt man die Universalisten Einphasen-Reihenschlussmotor. In der Anfangszeit der Technik wesentlicher Unterschied zu ausschließlich für Gleichstrom tauglichen Modellen: Der Stator war gedrungen und bestand – wie auch der Anker – aus Elektroblech, also Weicheisen. Mechanisch forderte der Einphasen-Reihenschlussmotor also einen anderen Aufbau als der ausschließlich mit Gleichstrom betriebene Reihenschlussmotor, elektrisch sind sie identisch. Diese Details waren historisch bedingt; an modernen Motoren gibt es diese Unterschiede nicht mehr.

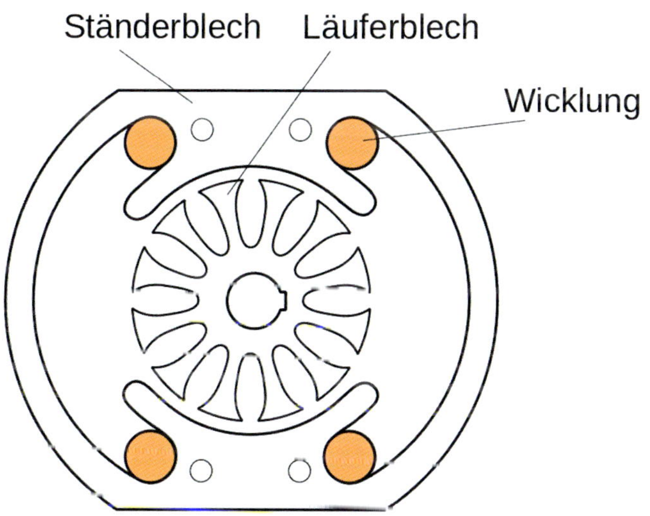

Querschnitt durch den Kern eines Universalmotors. Kommutator und Bürsten sitzen oberhalb des Läuferblechs.
Abb.: Wikimedia Commons - Traute Meyer (CC BY-SA 3.0)

Reihenschluss- wie Einphasen-Reihenschlussmotoren übertragen den Strom mit Bürsten auf den Rotor. Diese verschleißen und müssen erneuert werden, verlangen also nach regelmäßiger Wartung. Beim Betrieb mit 50-Hz-Wechselstrom tritt ohne entsprechende Gegenmaßnahmen ein weiteres Problem auf: Der wechselnde Erregerfluss induziert transformatorisch Zusatzspannungen in den Rotorleitern, die kurzschlussartige Ströme über die Bürsten treiben, wodurch häufig Funken von den Bürsten auf Kommutator oder Anker überschlagen (»Bürstenfeuer«). Das Problem lässt sich beherrschen, wenn man die Bahnstromfrequenz auf 16 ⅔ Hz reduziert und zusätzlich die zur Unterstützung des Stromrichtungswechsels eingeführten Wendepole (zwischen den Erregerpolen) mit Widerständen beschaltet, um auch die transformatorischen Zusatzspannungen zu kompensieren. Mit neueren Motorkonstruktionen ließ sich das Bürstenfeuer auch bei einer Frequenz von 50 Hz vermeiden, weshalb später auch diese zum Einsatz kam.

2.2.3 Drehstrommotoren

Die für die Bahn meistens verwendete Variante heißt korrekt Drehstrom-Asynchronmotor. In einem Gehäuse sind schleifenförmig in den der Rotorbohrung zugewandten Nuten der Statorblechpakete Spulen verlegt – jeweils drei oder Vielfache davon. Jede Phase des Drehstroms hat eine für sie bestimmte Spule. Statt des Ankers des Gleichstrommotors hat der Drehstrom-Asynchronmotor einen Rotor (auch Läufer genannt). Für Fahrmotoren sind heute sogenannte Käfigläufer gebräuchlich – sie sehen einem zylindrischen Käfig aus Metall ähnlich, alle Elemente des Käfigs sind elektrisch miteinander verbunden, weshalb man auch von einem Kurzschlussläufer spricht. Dieser Käfig liegt in den Nuten des aus Blechen geschichteten Rotorzylinders.
Durchfließt Drehstrom die Wicklungen der den Käfig umgebenden Spulen, erzeugt er im Käfig Spannung und damit Strom und ein Magnetfeld, was den Käfig in Drehung versetzt. Der Vorteil dieser Motortyps: Er kommt ohne Bürsten oder Schleifkontakte aus, ist also praktisch wartungsfrei. Zudem hat er einen Wirkungsgrad von bis zu 95 Prozent.

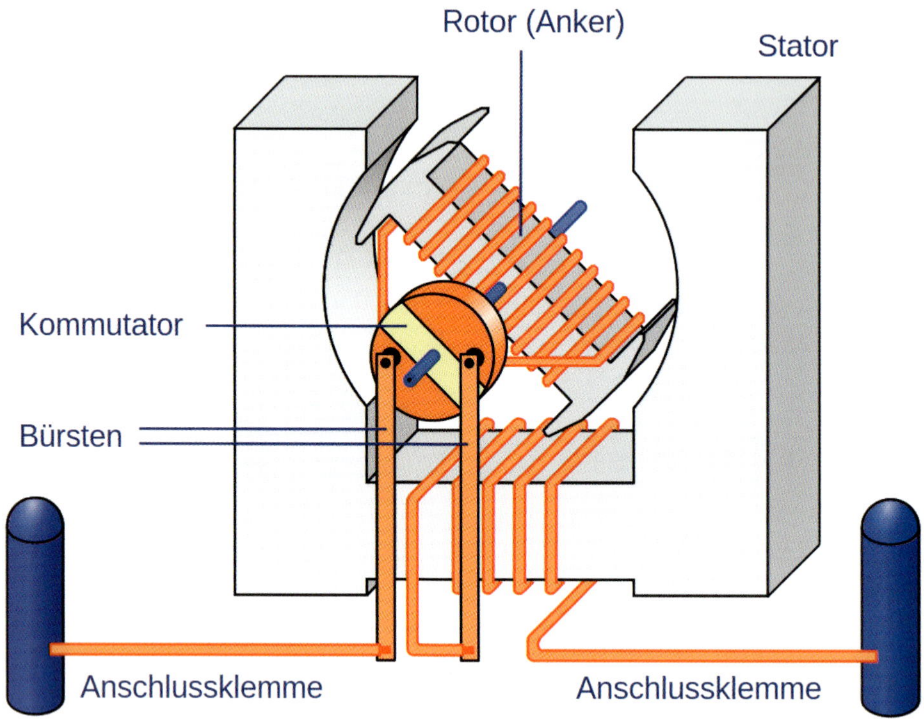

Der vollständige – schematische – Aufbau eines Universalmotors mit allen nötigen Bestandteilen.

Abbildung: Wikimedia Commons - Honina/Algos (CC BY-SA 3.0)

Bei entsprechender Konstruktion des Käfigläufers erreicht er ein für die Bahn vorteilhaftes Drehmoment. Bezogen auf die Leistung ist der Drehstrom-Asynchronmotor zudem kompakt und leicht, weil er nicht auf die begrenzte Geschwindigkeit der Bürsten auf dem Kommutator angewiesen ist und damit wesentlich schneller drehen kann als ein Kommutatormotor; der sonst für den Kommutator benötigte Bauraum entfällt.

Will man den Traktionsmotor direkt mit Drehstrom versorgen, bedarf es für Schienenfahrzeuge mindestens zweier Oberleitungen pro Gleis, was teuer, kompliziert und störanfällig ist. Die Drehzahl dieses Motors und damit letztlich die Geschwindigkeit eines Zugs wird primär von der Frequenz des Stroms bestimmt und ist mit einfachen Mitteln kaum zu ändern. Nur in Grenzen gelingt dies, indem man Vielfache der mindestens nötigen drei Polpaare im Motor installiert und diese zu- oder abschaltet. Schaltet man einen Drehstrom-Asynchronmotor ein, läuft er an und zieht bis zum Erreichen seiner Nenngeschwindigkeit den Strom ohne Rücksicht auf Verluste aus der elektrischen Anlage. Bei den mit Drehstrom realisierten Bahnnetzen erschwerte dieses Verhalten den Betrieb massiv, denn Fahrplaner und Fahrdienstleiter mussten peinlich darauf achten, dass im selben Abschnitt der Drehstromleitung nie zwei Züge gleichzeitig anfuhren – dies hätte die Stromversorgung überlasten und beschädigen können. Zum Anfahren mussten deshalb zusätzliche strombegrenzende Widerstände über Schleifringkontakte in den Rotorkreis eingeschaltet werden. Die wenigen verlustarmen Dauerfahrstufen (meistens vier) der ersten, primitiven Drehstromfahrzeuge erschwerten einen flexiblen Bahnbetrieb, da es kaum Möglichkeiten zum Einholen von Verspätungen gab.

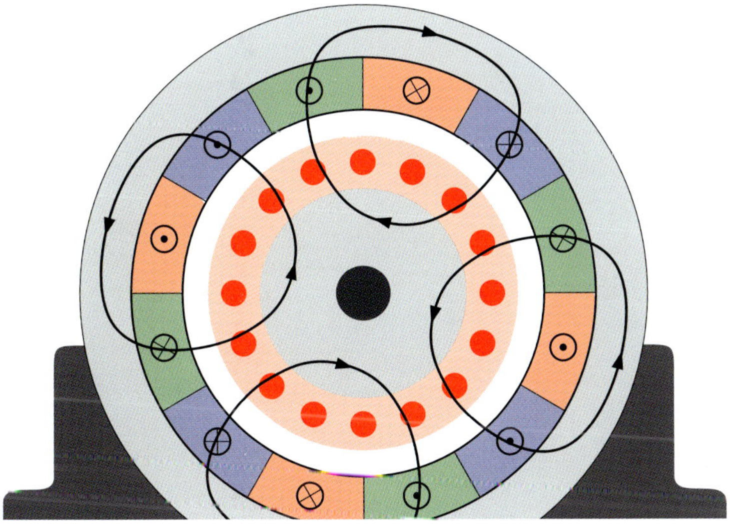

Schema eines vierpoligen Drehstrom-Asynchronmotors. Die rot, grün und blau markierten Phasen durchlaufen je vier Statorpakete; in die mit einem Kreuz gekennzeichneten fließt der Strom hinein, aus denen mit einem Punkt hinaus. Das erzeugt Magnetfelder (Pfeilkreise), die den Läufer (rote Punkte im Inneren) in Drehung versetzen.

Abbildung: Wikimedia Commons - BurnsBurnsBurns (public domain)

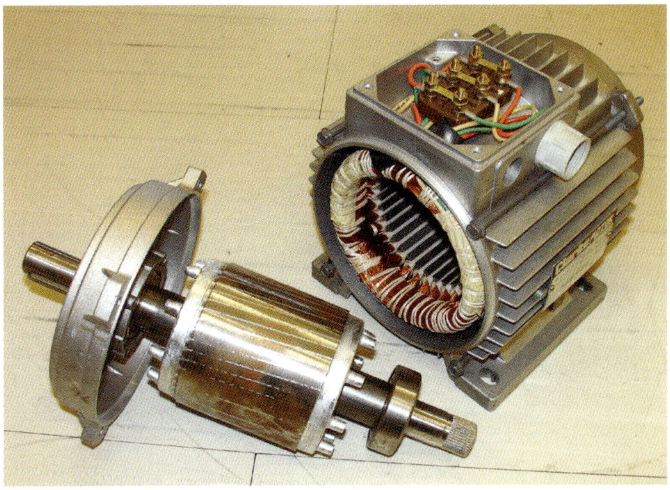

Die praktische Ausführung eines Drehstrom-Asynchronmotors. Links ist der Käfigläufer zu sehen, rechts das Motorgehäuse mit den Statorpaketen. Bürsten benötigt dieser Motortyp nicht, ist also praktisch verschleißfrei.

Abbildung: Wikimedia Commons - Zureks, CC BY-SA 3.0

2.3 Welcher macht das Rennen?

Fassen wir also zusammen: Schon zu Beginn der Bahn-Elektrifizierung um 1900 war der Drehstrom-Asynchronmotor wegen seiner Einfachheit und Robustheit und des hohen Leistungspotentials eigentlich der ideale Antrieb, wegen seiner Nachteile im Betrieb und der nötigen komplizierten Oberleitung aber wenig praktikabel. Einphasige Wechselspannung war am einfachsten und mit wenig Verlusten zu verteilen, die verfügbaren Motoren aber nur durchschnittlich gut geeignet für den Bahnbetrieb. Gleichstrommotoren taugten bis auf den bürstenbedingten Wartungsaufwand besser als Drehstrommotoren für die Bahn, da deren Geschwindigkeit einfach zu verändern war und eine Oberleitung reichte – nur musste sie dicker als für Wechselstrom sein und man benötigte mehr Unterwerke. Das Ergebnis der Situation: Patt. Deutschland, Österreich, die Schweiz sowie Norwegen und Schweden einigten sich 1912 auf Bahn-Wechselstrom mit 15.000 V (15 kV) und 16 ⅔ Hz, viele Nachbarländer nutzten und nutzen für Hauptbahnen Gleichstrom – meist mit einer Spannung von 3000 Volt. Der Drehstrom-Bahnmotor blieb eine Nischenlösung...

3. Bahnen mit Drehstrom

Ja, die Baureihe 120 der DB war die erste moderne Drehstromlokomotive der Welt. Aber lange vor ihr fuhren Bahnen in vielen Teilen der Erde mit Drehstrom – einige tun dies heute noch.

Gleich drei Vertreter der »alten Bundesbahn« in Nürnberg Hbf am 25. April 2020: Die 120 159 und zwei ICE 1 der Baureihe 401. *Foto: U. Miethe*

Drehstrom-Versuchslok von Siemens & Halske für Testfahrten zwischen Marienfelde und Zossen.
Foto: Wikimedia Commons Jo.Fruechtnicht (public domain)

Lokomotive für die Drehstrom-Versuchsstrecke von Groß-Lichterfelde nach Zehlendorf. Die Lokomotive wurde 1899 mit der Fabriknummer 303 von Siemens & Halske gebaut. Das Bild zeigt die Lokomotive nach dem Umbau von 1900, wo der ursprüngliche Holzkasten bereits durch einen Metallaufbau ersetzt war. Die Lok steht heute im Verkehrsmuseum Dresden. Foto: Wikimedia Commons - Elektrotechnische Zeitschrift 1900, S. 458 (public domain)

Die Anfang des 20. Jahrhunderts für Hochgeschwindigkeitsversuche genutzte Militärbahn von Marienfelde nach Zossen erwähnten wir bereits – neben den beiden Triebwagen von AEG sowie Siemens & Halske (mit einem Fahrzeugkasten von van der Zypen & Charlier) fuhr dort auch eine elektrische Lokomotive von Siemens & Halske. Schon 1891 hatte diese Firma auf ihrem Werksgelände in Charlottenburg (seinerzeit noch kein Berliner Stadtteil) eine Drehstrom-Versuchsstrecke angelegt, vom ebenfalls noch von Berlin unabhängigen Groß-Lichterfelde führte eine Strecke nach Zehlendorf. Der erste Drehstrom-Regelbetrieb – wenn auch nur einer Straßenbahn – ist aus der Schweiz überliefert: Von 1895 bis 1910 fuhr die Tram in Lugano mit dem dreiphasigen Stromsystem. Ebenfalls in der Schweiz fährt seit 1898 bis in die Gegenwart die Zahnradbahn von Zermatt auf den Gornergrat, wo die Fahrgäste einen eindrucksvollen Blick aufs Matterhorn haben, mit 750 Volt Drehstrom. Im selben Jahr eröffnete bei den Eidgenossen die Jungfraubahn – auch sie fährt noch heute mit Drehstrom. Bei diesen Bahnen stört die komplizierte Oberleitung wegen der geringen Zahl von Weichen auf der Strecke und der niedrigen Höchstgeschwindigkeit nicht. Der Drehstromantrieb hat dort sogar den Vorteil, dass er bei der Bergabfahrt als Netzbremse wirkt. Dreht der Motor schneller, als es der durch die Netzfrequenz bestimmten »synchronen« Geschwindigkeit entspricht, geht er automatisch ohne Umschaltungen in den Bremsbetrieb über.

In der Schweiz wurden zahlreiche weitere Strecken mit Drehstrom elektrifiziert – meist Berg- oder Lokalbahnen. Diese stellte man aber nach wenigen Jahren auf Gleich- oder Wechselstrom um. In und um die ungarische Hauptstadt Budapest entstanden ab 1899 Versuchsstrecken – hier trug der Ingenieur Kálmán Kandó (1869 – 1931) maßgeblich zur Entwicklung der Technik bei. Im selben Jahr entstand wiederum in der Schweiz mit der 40 Kilometer langen Burgdorf-Thun-Bahn die erste mit Drehstrom elektrifizierte Hauptstrecke. Auf ihr fuhr die erste Vollbahn-Elektrolok, gebaut von BBC. Die Versorgung mit 750 Volt/40 Hz ermöglichte für die damalige Zeit dichte Zugfolgen und damit einen attraktiven Schienenverkehr. Theoretisch wäre mehr möglich gewesen, aber wegen Sicherheitsvorschriften reizte man die schon damals mit Drehstrom mögliche Maximalspannung nicht aus und beschränkte sie auf 750 V.

Der Drehstrom-Triebwagen Ce 1/2 der Straßenbahn in Lugano war mit zwei Trolley-Stromabnehmern ausgerüstet (20. Juni 1896). Foto: Wikimedia Commons - Schweizerische Bauzeitung (public domain)

Blick aus einem Triebwagen der mit Drehstrom betriebenen Gornergratbahn, die am 12. August 2006 oberhalb von Zermatt die Station Riffelberg durchfährt. Foto: Wikimedia Commons - Ttrainer (CC BY-SA 3.0)

Im knapp 20 Kilometer langen Simplontunnel kam ab 1906 auf einer weiteren Schweizer Hauptbahn Drehstrom zum Einsatz – dort mit einer Spannung von 3000 Volt und einer Frequenz von 16 Hz. Genauer: auf dem Abschnitt von Brig ins italienische Iselle di Trasquera. Dort errichtete BBC die elektrischen Anlagen auf eigene Kosten – erst, nachdem sich die Technik bewährte, übernahmen die Schweizerischen Bundesbahnen (SBB) das System. Beide Bahnen wurden aber 1930 auf das landesweite Wechselstromsystem umgestellt, also 15 kV/16 ⅔ Hz.

Die Drehstromversorgung des Simplontunnels entstand nicht aus Zufall: Ihre technischen Daten sind identisch mit dem bereits 1902 eingerichteten Drehstrombetrieb auf der italienischen Veltlinstrecke. Bis die Schweiz eigene Drehstromlokomotiven hatte, fuhren auf der Simplonroute leihweise drei italienische Maschinen (RA 361-363/Baureihe 36; später bei der italienischen Staatsbahn FS als E.360 geführt). Während ihres Gastspiels in der Schweiz tauften die SBB sie Fb 3/5). Diese Lokomotiven stammten von Ganz & Cie aus Ungarn – der Firma, bei der der zuvor erwähnte geniale Ingenieur Kálmán Kandó technischer Leiter war.

Die Veltlinstrecke betrieb anfangs die Rete Adriatica (RA), sie ging ins Netz der 1905 gegründeten italienischen Staatsbahn Ferrovie dello Stato Italiane (FS) über. Die FS betrieb bis 1976 ein zur Zeit seiner größten Ausdehnung 1941 Kilometer messendes Drehstrom-Gleisnetz. 1849 davon mit Dreiphasenstrom mit 3,6 kV bei 16 ⅔ Hz sowie die 92 km lange Veltlinstrecke mit 3,3 kV/ 16 ⅔ Hz. Die dort fahrenden Lokomotiven entsprachen dem im Abschnitt »Motoren« geschilderten, primitiven Stand der Technik. Mangels anderer Regelmöglichkeiten kontrollierten auf den Loks Rheostaten genannte, regelbare Widerstände im Rotorkreis den Anfahrvorgang. Die nicht benötigte Energie musste buchstäblich verheizt werden. Dazu wurden eiserne Platten mehr oder weniger tief in eine Salz-/Wasser-Mischung getaucht – diese Elektroloks zischten ähnlich stark wie Dampfloks und mussten wie diese regelmäßig Wasser fassen.

Der Zweileiter-Fahrdraht der frühen Drehstromstrecken ist kompliziert und anfällig – schneller als 100 Stundenkilometer konnte die FS auf ihren Gleisen nicht fahren. Dennoch verlangte sie von den Österreichischen Bundesbahnen (ÖBB), dieses System auf der Brennerstrecke bis

Ein Drehstromtriebwagen der Jungfraubahn steht im Bahnhof Kleine Scheidegg mit der Eigernordwand im Hintergrund (12. Februar 2012). *Foto: Wikimedia Commons – Salamanamanjaro (CC BY-SA 3.0)*

zum österreichischen Bahnhof Innsbruck fortzuführen, was die ÖBB aber ablehnten. 1965 wurde der italienische Abschnitt auf Gleichstrom mit 3 kV umgestellt. Bis zur Einführung moderner Mehrsystemloks mussten auf dieser Strecke am Grenzbahnhof Brennersee dennoch die Lokomotiven zeitraubend gewechselt werden.

Auch außerhalb Europas wurde mit Drehstrom als Vollbahnantrieb experimentiert, in den USA etwa 1909 im alten »Cascade«-Tunnel der Great Northern Railway. Wie auf dem alten Kontinent war dieser Betrieb aber selten von Dauer. Einzige noch existierende Ausnahme von dieser Regel ist eine weitere Zahnradbahn in Brasilien: Die Strecke auf den Corcovado in Rio de Janeiro fährt mit 900 Volt bei 60 Hz.

Dass sich die Drehstromversorgung nur auf isolierten Bergbahnen behaupten konnte und Italien sein umfangreiches Netz auf Gleichstrom umstellte, hat die bereits im Kapitel 2 erwähnten Gründe: Der Fahrdraht ist teuer, störanfällig und kompliziert zu verlegen; auf Hauptbahnen waren die faktisch nicht vorhandenen Regelmöglichkeiten der Drehstrommotoren ein ernstes Hindernis. Trotz der erfolgreichen Hochgeschwindigkeitsversuche bei Zossen im Jahr 1903 zeichnete sich schon im ersten Drittel des 20. Jahrhunderts ab: Ein Drehstromnetz taugt nicht als Bahn-Stromversorgung.

Dennoch trachteten die Ingenieure nach Möglichkeiten, den robusten und leichten Drehstrommotor als Lok- beziehungsweise Triebwagenantrieb zu nutzen. Das in der

Der fabrikneue Drehstrom-Triebwagen BCe 2/5 Nr. 7 der Burgdorf-Thun-Bahn mit einer Personenzuggarnitur auf Probefahrt in Grosshöchstetten. Die 1921 von der Maschinenfabrik Oerlikon (MFO) und der Schweizerischen Industriegesellschaft (SIG) gelieferten, 56 t schweren und 324 kW starken Triebwagen BCe 2/5 Nr. 7 und 8 waren 60 km/h schnell.
Foto: Wikimedia Commons – Archiv Arthur Meyer /Plutowiki (public domain)

Die Aufnahme der Drehstromlokomotive Fb 4/4 367 der SBB entstand am 23. Oktober 1909. *Foto: Wikimedia Commons - Schweizerische Bauzeitung (public domain)*

Ein Drehstromtriebwagen der Gruppe 30 des Adrianetzes, der auf der Strecke Colico – Sondrio getestet wird (1902).
Foto: Wikimedia Commons - Stef Mec (public domain)

Corcovado-Triebwagen am 16. April 2013 im Bahnhof Paineiras. *Foto: Wikimedia Commons - Halleypo /Halley Pacheco de Oliveira (CC BY-SA 3.0)*

Abb. links: Simplon-Drehstrombetrieb: Die kolorierte Ansichtskarte zeigt den internationalen Simplon-Express (Paris-Mailand) mit einer der vorübergehend von der Veltlinbahn in Italien (Rete Adriatica) angemieteten Drehstromlokomotiven Fb 3/5 361 363 von Ganz & Cie. in Budapest beim Tunneleingang in Brig. Die Lok trägt bereits nicht mehr die Original-Rollenstromabnehmer von Ganz, sondern wurde mit den verbesserten BBC-Doppelbügeln nachgerüstet (1906).
Foto: Wikimedia Commons – Plutowiki (public domain)

Die Drehstromlokomotive V 50 der damaligen ungarischen Staatsbahn wurde 1923 gebaut.
Foto: Wikimedia Commons – GANZ Archiv / Tamba52 (public domain)

Baureihe 120 genutzte Prinzip, den Drehstrom erst auf der Lok zu erzeugen, verwirklichte der erwähnte Kálmán Kandó 1923 mit der Lokomotive V 50 der ungarischen Staatsbahnen (Magyar Államvasutak, MÁV). Allerdings arbeitete in dieser noch keine Leistungselektronik, sondern ein elektromechanischer Phasenumformer. Dabei handelt es sich im Prinzip um die Kombination von Wechselstrom-Synchronmotor (Ungarn entschied sich für eine Bahnstromversorgung mit 16 kV/50 Hz) und Drehstromgenerator. Basis dieser Lok waren die bereits für das italienische Drehstromnetz gebauten Zugmaschinen mit ihren nur vier Dauergeschwindigkeiten. Dieser Versuchsträger hatte zahlreiche Schwächen – der Umformer war nicht ausreichend gekühlt, seine hängende Anbringung erwies sich als Problem. In der Folge wurde er auf dem Fahrzeugboden montiert, weshalb auch der Lokkasten umkonstruiert werden musste. Durch diese Umbauten verzögerte sich der Einsatz der V 50 bis ins Jahr 1928. Nach den verfügbaren Quellen bewährte sich die Lok dann zwar grundsätzlich auf der 188 Kilometer langen Strecke von Hegyeshalom im Westen Ungarns in die Hauptstadt Budapest. Der betriebswichtige Umformer soll aber dem Dauereinsatz auf einem Schienenfahrzeug nicht gewachsen gewesen sein. Dennoch blieben die V 50 und die von ihr abgeleiteten Serienlokomotiven V 40 (für Schnellzüge) und V 60 (für Güterzüge) bis 1960 im Einsatz.

Aus der Zeit danach sind nur wenige Versuche mit Umformern überliefert. In den USA gab es bei der Virginian sehr schwere Kohlenzuglokomotiven mit Einphasen-Dreiphasen-Umformern und nur zwei Dauerfahrgeschwindig-

Drehstrom-Lokomotive De 2/2, Baujahr 1899, in der Lokwelt Freilassing (11. April 2009).

Foto: Wikimedia Commons – JuergenG (CC BY-SA 3.0)

keiten; die auf der Höllentalbahn (siehe auch Kapitel 4.2) erprobte E 244 31 arbeitete mit Wechselstrom-/Drehstrom-Phasenspaltermotoren nach Punga/Schön – hier formten die Fahrmotoren selbst den Strom um. In Frankreich experimentierte die dortige Staatsbahn SNCF 1955 auf den Loks CC 14000 und CC 14100 mit Maschinenumformern. Wirklich Fahrt nahm das Thema Drehstromantrieb erst wieder ab 1965 auf.

Eine Besonderheit ist die La-Rhune-Bergbahn in den französischen Pyrenäen. Die mit Drehstrom mit einer Spannung von 3000 Volt bei 50 Hz betriebene Strecke wurde 1924 eingeweiht – zu einer Zeit, als man sich andernorts schon wieder von der Drehstromversorgung abwandte.

4. Der Weg zur Baureihe 120

Die Technik der Baureihe 120 fiel nicht vom Himmel und ist auch nicht Resultat eines einzelnen Ingenieurs-Geistesblitzes. Vielmehr kulminiert in ihr eine Jahrzehnte dauernde Entwicklung.

Wie berichtet: Erste Versuche und Praxiseinsätze mit Drehstromantrieb fanden bereits um 1900 statt – dessen Schwächen und Probleme schilderten wir schon. Es bedurfte einer weiteren Komponentenfamilie, um mit Drehstrommotoren praxistaugliche Zugmaschinen und Triebzüge zu bauen: der Leistungselektronik.

Die neue Baureihe 120 sollte auch die letzten Altbau-Elloks aus der Vorkriegszeit ersetzen. Bei einer Fahrzeugschau im Bahnbetriebswerk Würzburg begegneten sich Anfang der 1980er Jahre die mehr als 40 Jahre alte 118 039 (Baujahr 1938; z-gestellt am 3. Juni 1984) und die nagelneue 120 003, hinter der noch 120 002 zu erkennen ist.

Foto: Claus-Jürgen Jacobson, Slg. M. Dostal

1
118 039-7
94
4

4.1 Halbleiter – Rückgrat der modernen Elektronik

In der heutigen Zeit sind Smartphone und Computer diejenigen elektronischen Geräte, welche Menschen am häufigsten nutzen. Sie sind nur möglich, weil in und nach der Zeit um den Zweiten Weltkrieg der Transistor erfunden wurde – ein elektronisches Bauelement, das Ströme schalten, sperren oder verstärken kann. Milliardenfach miniaturisiert in Integrierten Schaltkreisen (Integrated Circuit, IC) bilden sie die Basis moderner Elektronik.

Grundlage der Transistoren ist die Entdeckung und Nutzbarmachung von Halbleitern – also Materialien, die unter bestimmten Umständen Strom leiten (also Elektronen fließen lassen) oder ihn sperren. Im Gegensatz dazu stehen klassische Leiter (viele Metalle wie etwa Kupfer) oder Nichtleiter wie Glas oder viele Kunststoffe.

Transistoren sind aber nicht die einzigen elektronischen Bauteile, die sich aus Halbleitermaterial fertigen lassen. Dioden etwa nutzt man, um Strom in einer Richtung beziehungsweise einer Polarität fließen zu lassen oder in die andere zu sperren – aus ihnen lassen sich nicht nur Schutzschaltungen bauen, die elektronische Geräte vor verpolt angeschlossener Stromversorgung schützen, sondern auch Gleichrichter, also Schaltkreise, die Wechsel- zu Gleichstrom machen. Ein Thyristor hinwiederum kombiniert Elemente von Diode und Transistor.

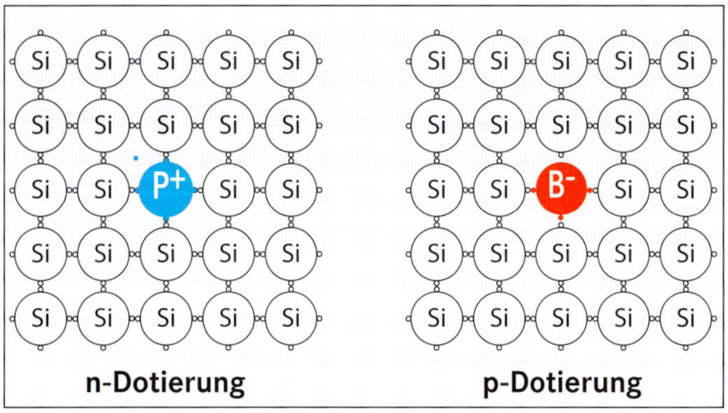

Typische Transistoren bestehen aus Silizium (Si), das mit Bor (B) oder Phosphor (P) verunreinigt (»dotiert«) wurde. Die unterschiedliche Zahl der Elektronen auf der äußeren Hülle erlaubt den Fluss von Strom. Grafik: Jürgen Knopf

Physisch vereint er, sehr vereinfacht gesprochen, zwei Transistoren zu einem Bauteil. Wie der Transistor hat er ein Gatter, also einen Anschluss, an den man Steuerstrom legen kann. Von der Diode hat er die Fähigkeit, Strom mit geringen Verlusten durchzulassen oder zu sperren, vom Transistor das Talent, die Einschaltfähigkeit elektrisch steuern zu können. Ausschalten lässt sich der Thyristor aber nicht, er muss durch Stromumkehr von außen zum Sperren gebracht werden.

Transistoren und ICs findet man in modernen Triebfahrzeugen nur für deren Steuerung und Bedienung – ohne Computer geht auch bei der Bahn nichts mehr. Dioden spielen in Gleichrichtern als Teil der Stromversorgung der Motoren in elektrischen Triebfahrzeugen eine Rolle. Aber insbesondere Thyristoren sind seit der Baureihe 120 unverzichtbar.

Vor den Halbleitern dominierten Elektronenröhren das Feld. In manchen Haushalten und auf Flohmärkten finden sich noch Radioempfänger mit Elektronenröhren – wieder vereinfacht gesprochen komplexere Verwandte der Glühbirne.

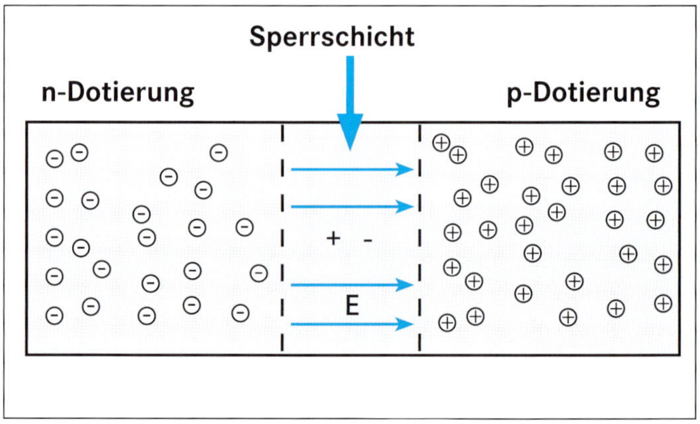

Die Halbleiterschichten von Dioden lassen Strom nur in eine Richtung beziehungsweise mit nur einer Polarität fließen – oder sperren ihn. Grafik: Jürgen Knopf

4.2 Archaisch anmutender Vorläufer mit Quecksilber

Die klassische Elektronenröhre entspricht elektrisch dem Transistor. Auch sie hatte aber Verwandte, deren Aufgaben denen der Diode ähneln – etwa den Quecksilberdampfgleichrichter. Diese monströsen Glasgebilde formen aus Wechsel- oder Drehspannung Gleichspannung – eines kam zu Beginn des Betriebs 1930 im Umspannwerk der Bayerischen Zugspitzbahn zum Einsatz. Im luftleeren Gleichrichter-Glasbehälter gründet ein »See« aus Quecksilber, der als Kathode fungiert, also als Elektronenquelle. Etwas darüber und seitlich sitzen in sogenannten Armen, also Glasröhren, Anoden, also Elektronensenken. Der

Diese monströsen Glasgebilde formen aus Wechsel- oder Drehstrom Gleichstrom – eines kam zu Beginn des Betriebs im Umspannwerk der Bayerischen Zugspitzbahn zum Einsatz.

Foto: Wikimedia Commons - PetrS. (CC BY-SA 3.0)

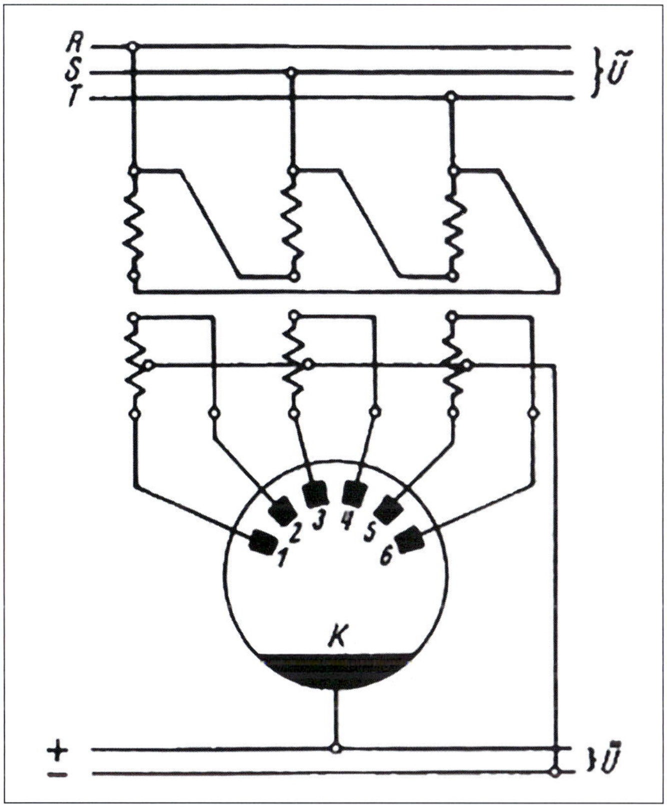

Die Anoden der Arme sind induktiv, also über Spulen, an die Phase(n) des Wechsel- oder Drehstroms gekoppelt. Jedes Mal, wenn eine Stromschwingung positiv wird, wird auch die Anode positiv, zieht also Elektronen aus dem verdampfenden Quecksilber. *Foto: Wikimedia Commons - wdwd / Walter Dvorak (CC BY-SA 3.0)*

Quecksilbersee wird durch zusätzliche Heizelektroden gezündet, die dafür kurz ins Quecksilber gesenkt werden, was den Kathodenfleck bewirkt, eine sehr heiße Stelle im Quecksilbersee. Die Anoden der Arme sind induktiv, also über Drosselspulen, an die Phasen der Wechsel- oder Drehspannung angeschlossen. Jedes Mal, wenn eine Spannungsschwingung positiv wird, wird auch die Anode positiv, zieht also Elektronen aus dem verdampfenden Quecksilber. Die Anoden der Arme führen sequentiell den Gleichstrom der Kathode. Der Quecksilberdampf kondensiert an der Glaskuppel und tropft zurück in den See am Boden.

Nicht nur hat diese Apparatur nach heutigen Maßstäben einen bescheidenen Wirkungsgrad – bricht das Glas, tritt giftiges Quecksilber aus. Auch wenn es nur Optik ist: Diese Gleichrichter leuchten im Betrieb weißbläulich, weshalb sie in den Bauten diverser »Frankenstein«-Gruselfilme Verwendung fanden. Später entwickelte Varianten der Technik bekamen Stahl- statt der Glasgefäße, wodurch sie betriebssicherer wurden.

Trotz seiner fragilen Technik nutzte man dieses Bauteil in Loks der Vorkriegs-Reichsbahn – zunächst ab 1930 in den Rangierloks der Baureihe E 80. Diese hatten Gleichstrommotoren und waren mit Blei-Akkumulatoren bestückt, um auch auf Abstellgleisen und den noch fahrtdrahtlosen Teilen des Schienennetzes rund um München rollen zu können. Auf der Höllentalbahn von Freiburg (Breisgau) nach Donaueschingen und der von ihr abzweigenden Dreiseenbahn Richtung Schluchsee verkehrten weitere zwei Versuchsträger. Die Reichsbahn hatte diese Strecken ab 1935 experimentell mit Industriestrom von 20 kV/50 Hz elektrifiziert. Als Loks fungierten die von der Standardlok E 44 abgeleiteten E 244 01 und E 244 11. Der von ihren Quecksilberdampfgleichrichtern gelieferte Strom trieb Gleichstrommotoren an.

4.3 Der Schlüssel zum Erfolg: Leistungselektronik

Erst nach dem Zweiten Weltkrieg und mit der Nutzbarmachung des Halbleiters griff man das Konzept wieder auf – in der Rangierlok E 80. E 80 01 bekam 1957 moderne Silizium-Gleichrichter – ein erster Schritt zur Leistungselektronik im Lokomotivbau. Die Quellenlage ist diffus – nach einer Angabe wurden alle fünf Exemplare der E 80 mit der modernen Technik ausgerüstet.

Kurz noch einmal zum vagen Begriff Leistungselektronik: Korrekt müsste sie wohl »für hohe Ströme und Spannungen geeignete Halbleiter« heißen. Gemeint sind elektronische Halbleiterkomponenten, die die in Industrie und eben Triebfahrzeugen verwendeten Spannungen und Ströme dauerhaft verarbeiten, ohne dabei Schaden zu nehmen. Damit wollte man sie von den ersten Transistoren oder Dioden unterscheiden, die nur die vergleichsweise schwachen Ströme und Spannungen etwa eines Radiogeräts oder Taschenrechners verarbeiten konnten.

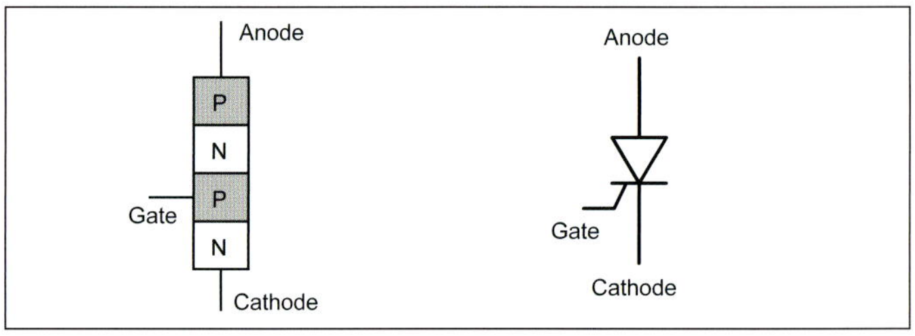

Ein Thyristor weist vier unterschiedlich dotierte Halbleiterschichten auf. Eine P/N-Kombination dient als Anode, je eine P- und N-Schicht als Gate und Kathode.

Foto: Wikimedia Commons - Riflemann~commonswiki (CC BY-SA 3.0)

Der Silizium-Gleichrichter war ein erster Schritt zum Einsatz moderner Elektronik auf Lokomotiven. Die Basis der Pionierin E 80 stammte noch aus der Zeit vor dem Zweiten Weltkrieg. Äußerlich auf den DB-Nachkriegs-Einheitsreihen E 10/E 40 fußend (allerdings mit etwas gedrungenem Aufbau, um in das engere französische 25-kV-Umgrenzungsprofil zu passen) entwickelte die Bundesbahn ab 1957 Mehrspannungs-/-frequenzlokomotiven für den grenzüberschreitenden Verkehr auf den französischen und luxemburgischen Wechselstromstrecken (25 kV/50 Hz) – die Baureihe E 320 (später 182). Insgesamt drei Loks wurden je mit Elektrik von AEG, BBC und Siemens-Schuckert ausgestattet. Obwohl jeder der drei Elektrik-Lieferanten im Detail eigene Lösungen verwirklichte, arbeiteten alle drei 182er mit Silizium-Gleichrichtern. Angetrieben wurden die Loks von Mischstrommotoren. So bezeichnet man Einphasen-Reihenschlussmotoren mit einer vorgeschalteten Glättungsdrossel, also einer Spule, die die Restunruhe (»Welligkeit«) des vom Gleichrichter gelieferten Stroms wegputzt. Die Spannungshöhe wird an dem klassischen Transformator mit Schaltwerk verändert. Letztlich handelte es sich bei den E 320 also um Loks mit Gleichstrommotoren mit vorgeschaltetem Silizium-Gleichrichter.

Siemens-Schuckert-Werkfoto der E 80 (circa 1929). Foto: Werkfoto SSW, Archiv transpress

1936 lieferte AEG die Versuchslok E 244 01 für den 20-kV-/50-Hz-Inselbetrieb auf der Höllentalbahn. Ihr Lokkasten war an die Baureihe E 44.5 angelehnt. Das Bild entstand am 20. Mai 1958. Foto: Eisenbahnstiftung/Joachim Claus

182 021 der Deutschen Bundesbahn 1982 im Betriebswerk Saarbrücken. Foto: Wikimedia Commons – Benedictus/Benedikt Dohmen (CC BY-SA 3.0)

Eine Mehrsystemlok der Baureihe 181 wartet in Straßburg auf ihren nächsten Einsatz (2. Februar 2014). Foto: Wikimedia Commons – Ralf Roletschek (CC BY 3.0)

4.4 Thyristoren sind der Durchbruch

In deutlich größeren Stückzahlen wurde die Nachfolgelok gebaut – kurioserweise als Baureihe E 310 (später E 181) bezeichnet. Insgesamt wurden von ihr 29 Exemplare produziert. Die vier Prototypen wurden als 181^0 und 181^1 benannt, die Serienmaschinen ab 1975 als 181^2 geliefert. Zum ersten Mal nutzte die DB in einer Elektrolokomotive Thyristoren, um damit eine Phasenanschnittsteuerung zu realisieren.

Bis zu diesem Zeitpunkt bestimmten auf Wechselstromlokomotiven Transformatoren mit über Schaltwerke veränderlicher Übersetzung und auf Gleichstromlokomotiven die Umschaltung zwischen Reihen- und Parallelschaltung der in gerader Anzahl vorhandenen Fahrmotoren sowie schaltbare Widerstände (siehe nächste Seite) die abgerufene Leistung und letztlich die Geschwindigkeit. Transformatoren (»Trafos«) können die Spannung von Strom herauf- oder herabsetzen (»transformieren«). Ihr »Herz« ist ein Magnetkern. Im einfachsten Fall bildet je ein um einen

Ein Transformator samt Schaltwerk aus einer Elektrolokomotive. Das Schaltwerk zapft unterschiedlich viele Wicklungen der Trafo-Sekundärseite an und liefert so für verschiedene Geschwindigkeitsstufen die nötige Spannung. *Foto: Wikimedia Commons – StromBer (CC BY-SA 3.0)*

Schenkel des Magnetkerns zu einer Spule gewickelter Kupferdraht die Primär-, ein weiterer die Sekundärseite. An der Primärseite liegt die Eingangsspannung an, aus der Sekundärseite kommt die Spannung, im Verhältnis der Windungszahlen der Spulen übersetzt, die letztlich benötigt wird. Elektrisch sind Primär- und Sekundärseite isoliert – der Stromfluss in der Primärspule bewirkt induktiv, also durch Elektromagnetismus, einen Stromfluss in der Sekundärspule.

Nicht nur für Lokomotiven waren Transformatoren mit mehreren Anzapfungen der Sekundärspule üblich – insbesondere auf den für 16 ⅔ Hz konzipierten Wechselstromlokomotiven. Über Schaltwerke, also eine Anordnung mehrerer elektrischer Schalter, greifen die Verbraucher (also die Fahrmotoren) die geforderte Leistung von den Anzapfungen der Sekundärspule ab – für volle Fahrt braucht es mehr Spannung und Strom als zum langsamen Rangieren. Technisch abweichend, aber mit demselben Zweck – der Regelung von Zugkraft und Geschwindigkeit – sind die Fahrschalter von Gleichstromfahrzeugen aufgebaut. Hier gibt es keinen Haupttransformator, denn die Spannung des Oberleitungsstroms ist direkt an die Motoren der Fahrzeuge angepasst. Dennoch müssen auch Gleichstromfahrzeuge unterschiedlich schnell fahren und bremsen können, verlangen also nach einer Regelung. Über den Fahrschalter (in Filmen oder Fotos alter Straßenbahnen ist sein sichtbarer Teil ein großer Hebel, der an eine handbetriebene Kaffeemühle erinnert) sind elektrische Verbindungen und Widerstände so gruppiert, dass die gerade nötige Leistung zur Verfügung steht. Die Motoren lassen sich in Reihe (zum Anfahren) oder parallel (für den oberen Geschwindigkeitsbereich) schalten, für Zwischenwerte der Geschwindigkeit wählt der Fahrer Fahrstufen mit elektrischen Widerständen im Stromweg. Dabei wird elektrische Energie buchstäblich nutzlos verheizt.

Fahrschalter eines Triebwagens der Lokalbahn Innsbruck - Hall in Tirol. *Foto: Wikimedia Commons – Christian Haisjackl (CC BY-SA 3.0)*

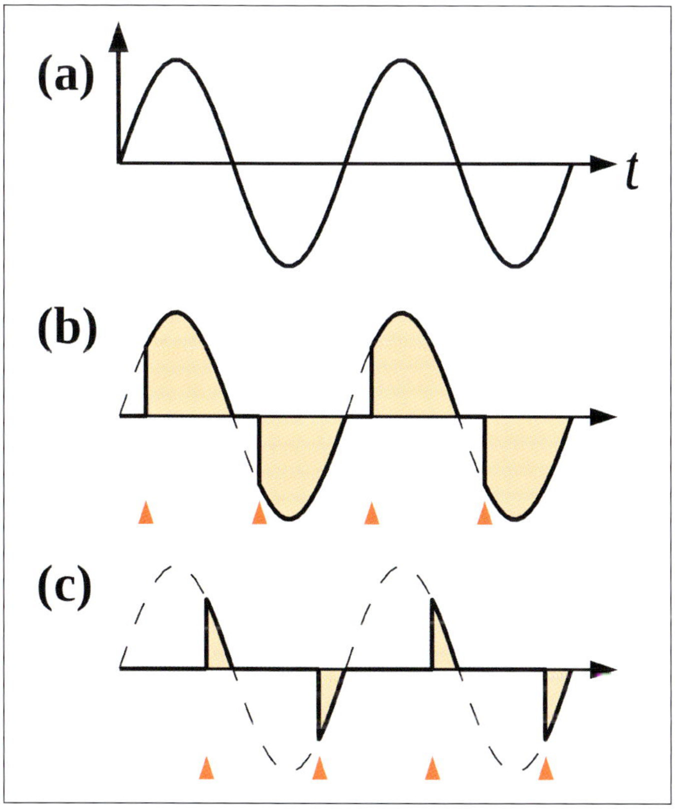

Per Phasenanschnitt lässt sich der Effektivwert von Wechselspannung elektronisch auf die gewünschte Stärke einstellen. Indem man Teile der ursprünglichen (a) Wechselspannung wegschneidet, ergibt sich die reduzierte Effektivspannung (b, c).

Wikimedia Commons – Michael Schmid (CC BY-SA 3.0)

Sowohl die unterschiedlichen Anzapfungen eines Trafos als auch Gleichstrom-Fahrschalter arbeiten in Stufen – eine wirklich kontinuierliche Regelung, wie man sie vom Gaspedal eines Autos kennt, ist damit nicht möglich. So lange ausreichend feine Abstufungen im Schaltwerk oder Fahrschalter verfügbar sind, ist dies nicht übermäßig dramatisch – das Gewicht der Fahrzeuge und das Trägheitsmoment der Motoren bewirken in der Praxis ein leidlich ruckfreies (An-)Fahren. Dennoch war der Wechsel auf Thyristoren und Phasenanschnittsteuerung bei der 310 überaus sinnvoll: Sowohl Schaltwerke wie Fahrschalter sind komplexe und wartungsintensive elektromechanische Gebilde – Thyristoren hingegen kompakte, praktisch verschleißfreie Bauteile.

Die DB-Viersystemlok 184 112 war ein Versuchsträger. Aktuell gehört sie zum Bestand des Technikmuseums in Berlin.

Foto: Wikimedia Commons – Leif Örss (CC BY-SA 3.0)

Ihre besondere Eigenschaft: Sie fungieren – durch schwache Steuerströme kontrolliert – als Durchlass oder Sperre für Strom. Bei Lokomotiven kommen Brückenschaltungen zum Einsatz, die in einem Zweig mit steuerbaren Thyristoren, im anderen nur mit Dioden ausgerüstet sind. Durch verzögertes Einschalten wird die Ausgangsgleichspannung des Gleichrichters kontinuierlich zwischen den Werten 0 und 90 Prozent der Eingangsspannung verstellt. Als Antrieb kamen auf der Baureihe 181 Mischstrommotoren zum Einsatz. Der unbekanntere Vorgänger der Baureihe E 310 ist die nur in fünf Exemplaren gefertigte Baureihe E 410 (später 184). Wesentlicher Unterschied zur 310: Die 410 war als Viersystemlokomotive konzipiert, sollte also auch auf belgischen (3 kV) und französischen Gleichstromstrecken (1,5 kV) wie den französischen Wechselstromgleisen (25 kV/50 Hz) fahren können.

Die Baureihe E 410 galt als Versuchsträger – wie bei der ersten DB-Nachkriegs-Mehrsystemlok E 320 verwirklichten die Hersteller unterschiedliche Konzepte. BBC setzte bei ihren zwei Loks auf Thyristor-Phasenanschnittsteuerung bei Wechselspannung und eine

Der S-Bahntriebwagen 420 464 in der Nähe des Rangierbahnhofs Köln-Kalk Nord (3. November 2015).

Foto: Wikimedia Commons – Rolf H./Rolf Heinrich, Köln (CC BY 3.0)

klassische Widerstandssteuerung bei Gleichspannung. AEG hingegen zerhackte den Gleichstrom aus dem Fahrdraht per Thyristor-Wechselrichter zu Wechselstrom von 100 Hz und speiste damit den Trafo des Wechselstromteils der Lok, wo dann die Phasenanschnittsteuerung die Geschwindigkeitsregelung übernahm. Dieses neue Konzept überforderte anfangs die Halbleiterbauteile, da insbesondere in Belgien hohe Überspannungen im Netz an der Tagesordnung waren. Dennoch zeigten die von AEG erstmals verwendeten Komponenten – der Thyristor-Wechselrichter ebenso wie die mit Thyristoren realisierte Phasenanschnittsteuerung – die Richtung auf, in die sich die Elektrik moderner Loks und Triebfahrzeuge entwickeln sollte.

4.5 Stadt-Flitzer – der Triebzug 420

In den 1970ern bauten viele deutsche Städte ihren Schienen-Nahverkehr auf oder aus. Auf vielen Verbindungen dominierte über Jahrzehnte die DB-Baureihe 420. Diese S-Bahn-Triebzüge übernahmen aus der Baureihe E 181 die Thyristor-Phasenanschnittsteuerung – einmal mehr versorgten diese Mischstrom-Reihenschlussmotoren. Diese erreichten zwar nicht das Leistungsniveau des E-181-Antriebs – aber in 480 Einheiten stellte das Konzept seine Alltagstauglichkeit unter Beweis. Die eleganten Züge wären mit althergebrachter Trafo- und Schaltwerktechnik wohl auch nicht zu realisieren gewesen. Neu und ein erster Schritt in Richtung Drehstromtechnik waren Thyristor-Wechselrichter für die sogenannten Hilfsbetriebe.

Die DB-Reihe E 10 wurde ab 1952 gebaut. Viele Elemente wurden in die Baureihe 111 übernommen. 110 346 steht 1979 im Bw Gießen. *Foto: Wikimedia Commons – Mariolu04 (CC BY-SA 4.0)*

Jedes alltagstaugliche Schienenfahrzeug benötigt neben den Fahrmotoren weitere Aggregate – etwa Pumpen für die Bremsdruckluft und die Trafoöl-kühlung, Fahrmotorlüfter, Stellmotoren und anderes. In den Zügen der Baureihe 420 erzeugten Thyristoren-Wechselrichter aus 120 Volt Gleichspannung 3 x 220 Volt Drehspannung. So konnte für die Hilfsbetriebe auf günstige Industrie-Drehstrommotoren zurückgegriffen werden.

211 001 war die erste Lok der DR-Baureihe E 11. Am 15. September 2007 steht sie in Fürth. *Foto: Wikimedia Commons – Magnus Gertkemper (CC BY-SA 3.0)*

4.6 Eher Rückschritte – die Baureihen E 111 und E 103

Als die Baureihe 120 konzipiert wurde, beherrschten andere Lokomotiven die Gleise der Bundesbahn im Westen und der DDR-Reichsbahn im Osten Deutschlands. Die Bundesbahn legt mit den Einheitsloks der Baureihe E 10 in den 1950ern den Grundstein ihres Ellok-Fuhrparks, in der DDR war es die 1961 begonnene Baureihe E 11. In verschiedenen Varianten wurde diese von Wechselstrom-Reihenschlussmotoren angetriebenen Loks bis in die 1980er Jahre gebaut. Höhepunkte der Entwicklung waren bei der Bundesbahn die Baureihen E 111 und 103.

Die Baureihe 111 kam insbesondere in Nordrhein-Westfalen bei der S-Bahn Rhein-Ruhr zum Einsatz – sie wurden mit »x«-genannten Personenwagen zu festen Zugverbänden kombiniert. Die in anderen Städten (etwa Frankfurt, Stuttgart, München) vorherrschenden S-Bahn-Triebzüge der Reihe 420 hielt man für die großen Entfernungen des Ruhrgebiets für wenig geeignet – unter anderem wegen fehlender Toiletten. Die Beschaffung der Loks war aber auch politisch motiviert – man wollte den Lokbauern Aufträge sichern. Dennoch kam die Lok auch im hochwertigen Reisezugdienst zu Ehren – vor den Intercity-Zügen der DB, in Sonderlackierung vor dem »Airport Express« der Lufthansa, der Düsseldorf und Stuttgart mit dem Flughafen Frankfurt verband, aber auch vor den um die Jahrtausendwende beliebten Interregios.

Gegenüber den rund ein Jahrzehnt früher begonnenen Versuchen mit der Baureihe E 182 war die BR 111 ein Rückschritt. Zwar wurden gegenüber den E 10 (später: 110) Fahrwerk und Lokkasten verbessert; der Führerstand sogar neu konzipiert (und in ähnlicher Form dann für die Baureihe 120 übernommen). Der elektrische Teil der Loks

Eine Lokomotive der Baureihe 103 mit einem Sonderzug in Dresden Hbf, aufgenommen am 7. Oktober 2007.

Foto: Wikimedia Commons – Sese Ingolstadt/ Sebastian Terfloth (CC BY-SA 3.0)

war aber unspektakulär und entsprach dem der Vorgänger E 110. Also: Einphasen-Reihenschlussmotoren, Trafo mit Sekundäranzapfungen und Schaltwerk. Auch unter der Haube der DB-Baureihe 103, jahrzehntelang Vorzeigelok und beliebtes Fotomotiv, steckte im elektrischen Teil weitgehend Altbewährtes. Hier (wie auch in der 111) kamen Thyristoren immerhin als das konventionelle Stufenschaltwerk entlastende Elemente zum Einsatz. Phasenanschnittsteuerung oder Thyristoren-Wechselrichter suchte man auch in ihr vergeblich. Grund waren die Sorgen der DB (wie auch der Schweizerischen Bundesbahnen), die höhere Netzbelastung infolge des wesentlich schlechteren Leistungsfaktors der Phasenanschnittsteuerung sei bei Hochleistungslokomotiven im 16 ⅔-Netz untragbar. In Ballungsgebieten mit starker Netzeinspeisung überwogen dagegen die Vorteile des schaltwerklosen Betriebs, weshalb man den 420er-S-Bahn-Triebwagen damit ausstattete. Loks, die auch für 50 Hz Wechselstromnetze

Fast vergessenes Einzelstück: die Be 4/4 12001 der SBB

1972 experimentierten auch die Schweizerischen Bundesbahnen (SBB) mit dem Drehstromantrieb. Dazu bauten sie einen Gepäcktriebwagen der Reihe De 4/4 von 1928 um. Technische Details sind zu dem Unikat kaum zu finden – es bekam Fahrmotoren und Thyristor-Umrichter von BBC, die Höchstgeschwindigkeit lag bei 75 km/h. Der Umbau wurde ausschließlich als Versuchsträger betrieben. Da BBC danach die elektrische Ausrüstung der BR 120 entwickelte, flossen die mit der Be 4/4 12001 gewonnenen Erkenntnisse auch in diese Lokomotive. Die Speisung des Wechselrichter-Eingangs aus dem Wechselspannungsfahrdraht mit Gleichspannung besorgten die von den Lokomotiven mit Thyristor-Phasenanschnittsteuerung bekannten Brückenschaltungen mit Thyristoren und Dioden. Das Versuchsfahrzeug wurde 1981 ausrangiert und abgebrochen; ein Drehgestell kam in den Besitz des Verkehrshauses der Schweiz in Luzern.

geeignet waren, konnte man nur mit Phasenanschnittsteuerung realisieren, nahm deren Netzbelastung also hin. All das heißt nicht, dass E 111 und E 103 schlechte Lokomotiven gewesen wären. Die 103 bewegte jahrzehntelang schwere Trans-Europ-Express-Züge (TEE), später Intercitys und Interregios – wenn es in die Umlaufpläne passte, schreckten die Fahrdienstleiter auch nicht davor zurück, sie vor Güterzüge zu spannen. Auch die E 111 verrichteten über teils mehr als vier Dekaden zuverlässig ihren Dienst. Aber den Stand der DB-Technik markierten zum Planungsbeginn der E 120 die AEG-Varianten der Baureihe E 104 und der Triebzug E 420.

Abb. links: 111 011 war am 30. Juni 2013 mit einem Zug der RE-4-Linie von Dortmund Hbf nach Aachen Hbf unterwegs. Die Aufnahme gelang zwischen Übach-Palenberg und Herzogenrath. *Foto: Wikimedia Commons – Lars Steffens (CC BY-SA 2.0)*

5. Die Mutter der Baureihe 120: die Diesellok DE 2500

Bisher befasste sich dieses Buch mit weitläufigen Verwandten und technischen Vorläufern der DB-Baureihe 120 sowie ersten, primitiven Einsätzen der Drehstromtechnik. Die genannten Loks und Bahnstromsysteme zeigen Meilensteine des verschlungenen Wegs zur modernen Drehstromlokomotive – aber sie stehen nicht in einer direkten Entwicklungslinie zur 120er. Das ist bei der DE 2500 anders. Die ab 1965 von Henschel (mechanischer Teil) und BBC (elektrischer Teil) konzipierte und 1971 im Rahmen der Hannover-Messe der Öffentlichkeit vorgestellte dieselelektrische Lok war nicht nur ein Versuchsträger für den aufkommenden Antrieb von Schienenfahrzeugen mit wechselrichtergespeisten Drehstrom-Asynchronmotoren – auch mit der Konstruktion des mechanischen Teils betrat man in vielerlei Hinsicht Neuland.

Unter tatkräftiger Mithilfe von 160 005 wird die Henschel-BBC-Versuchslok DE 2500 (202 004), die mit Drehstrom-Asynchron-Fahrmotoren ausgerüstet war, auf die Drehscheibe im Bw Koblenz-Mosel geschoben (22. April 1977).

Foto: Archiv Eisenbahnstiftung/Peter Schiffer

5.1 Warum Diesel?

Die Entscheidung, in der DE 2500 einen von einem Dieselmotor getriebenen Generator als Primärenergiequelle zu nutzen, erscheint auf den ersten Blick widersinnig. Auf den zweiten Blick hingegen war sie konsequent. BBC wollte zunächst die Wechselrichter-Elektronik erproben, die nötig ist, um die von Hause aus halsstarrigen Drehstrommotoren (siehe Kapitel 2.2.3) im Bahneinsatz regeln zu können. Hätte man die DE 2500 von vornherein als Ellok ausgelegt, hätte man viel zusätzliche Technik entwickeln müssen, die die vom Fahrdraht gelieferte Wechselspannung für den Antrieb passend aufbereitet. Wandelt man mit einfachen Gleichrichtern die 16 ⅔ Hz des in Deutschland verwendeten Bahnstroms in Gleichstrom (der dann für die Motorsteuerung wieder in Drehstrom konvertiert werden muss), pulsierte dieser mit 33,3 Hz. Nur durch weitere, schwere Glättungsschaltungen wäre dieser für die nachgeschaltete Elektronik verträglich. Umgekehrt hätten sich die zum Planungszeitpunkt der DE 2500 verfügbaren Gleichrichter – wie oben beschrieben – negativ auf die Bahnstromversorgung und unter Umständen auch die Signaltechnik ausgewirkt, was die Deutsche Bundesbahn nicht toleriert hätte. Der letztlich bei den Versuchen unter Fahrdraht (1974) sowie in der 120 und allen späteren Lokomotiven mit Drehstromantriebstechnik verwendete, netzfreundliche Vierquadrantensteller etwa wurde von Manfred Depenbrock erst 1972 vorgeschlagen. Auch verlieren Stromabnehmer gelegentlich den Kontakt zur Oberleitung (»Bügelsprung«), wogegen man die Stromrichter auf dem Versuchsfahrzeug ebenfalls hätte wappnen müssen. Durch den Umweg über Diesel hielt man die Zahl der zu lösenden Aufgaben überschaubar. Mehr zur Elektrotechnik und Elektronik der Lok später.

Im Januar 1972 hat die Henschel-Lok 202 002 (hier noch mit ihrer Werksnummer 31 403) auf Probefahrt den Bahnhof Waldmichelbach erreicht. *Foto: Archiv Eisenbahnstiftung/Joachim Claus*

Henschel und insbesondere BBC wollten aus der DE 2500 darüber hinaus eine neue Generation dieselelektrischer Lokomotiven ableiten. In der damaligen Bundesrepublik hatte die DB ihren zu jener Zeit neuen dieselhydraulischen Lokomotiven V 160 gerade erfolgreich die Kinderkrankheiten (insbesondere die dem Bahnbetrieb nicht gewachsenen Motoren) abgewöhnt – und Henschel war an der Herstellung der V 160 beteiligt. Diese Loks erreichten zu ihrer Zeit zwar – bezogen auf ihr Dienstgewicht – hohe Leistungen, die Technik verlangt aber nach häufiger und penibler Wartung. Weltweit lag der Anteil der Dieselhydraulik unter 20 Prozent – die meisten Länder bevorzugten den simpleren und wartungsärmeren dieselelektrischen Antrieb. Henschel und BBC rechneten sich daher Chancen aus, mit der Kombination aus dieselbetriebenem Generator und Drehstrom-Fahrmotoren ein attraktives und durch höheren Wirkungsgrad, Verzicht auf das Umschaltgetriebe und einfache Lösungen für die elektrische Zugheizung konkurrenzfähiges Produkt anzubieten.

5.2 Die Mechanik

So passten unter die DE 2500 nicht nur Drehgestelle für die Bahn-Normalspur von 1435 Millimetern (mm) – auch solche für Schmalspurbahnen mit einem Meter Spurweite hätten sich verwenden lassen. Diese Spurweite (und die mit 1.067 mm geringfügig breitere Kapspur) ist auf allen Kontinenten auch auf Hauptbahnen verbreitet. Der Lokkasten ist gedrungen – mit 3,80 Metern Höhe über Schienenoberkante ist er 47,5 Zentimeter niedriger als etwa der der DB-Diesellok 218 aus der V-160-Familie. Um dennoch Platz für alle nötigen Aggregate und ausreichend

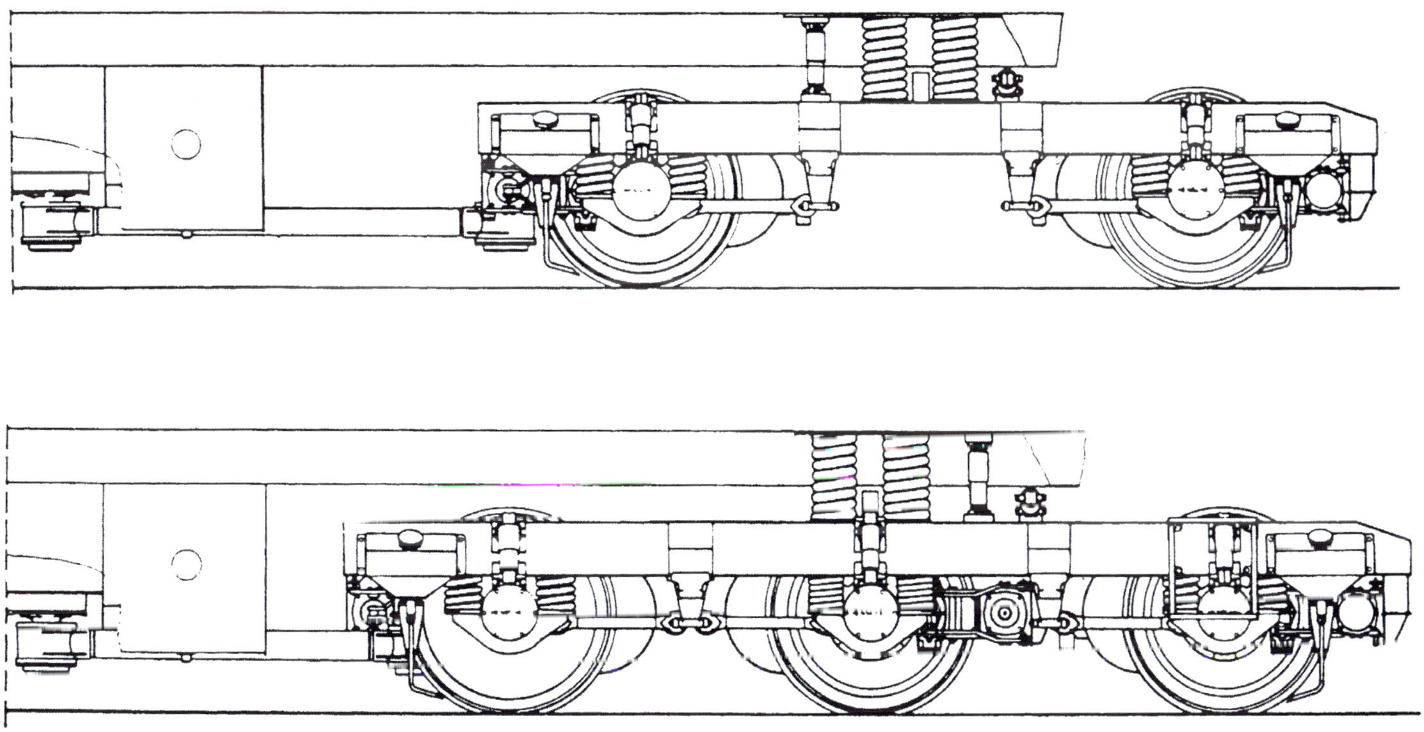

Die zwei- und dreiachsigen Drehgestelle der DE 2500. *Grafik: Henschel*

Kraftstoff zu haben, ist die Lok 18 Meter lang, also 1,60 Meter länger als eine 218. So passte die Lok in die Umgrenzungsprofile der genannten Schmalspurbahnen. Die DE 2500 konnte man mit zwei- und dreiachsigen Drehgestellen bestücken – überall dort, wo der Oberbau, also Gleise und Schotterbett, nur geringere Achslasten verkraften, sollte die dreiachsige Variante ins Spiel kommen. Die zweiachsige Variante wurde für eine Achslast von 20 Tonnen, die dreiachsige für je 14 Tonnen ausgelegt. Da man einerseits die Lok im Wortsinne universell konzipieren wollte, sie also mit möglichst geringen Anpassungen überall auf der Welt fahrbereit demonstriert werden können sollte, sie andererseits aber ein noch nicht für die Serienfertigung gedachter Versuchsträger war, hielt man sich nicht mit Design auf. Der Lokkasten wirkte zur Zeit des Baus zwar futuristisch, auf gestalterische Extravaganzen verzichtete man aber. So sind die Linien schnörkellos und schlicht, es gibt nur ein durchgehendes Lüftergitter.

Bei der Technik hingegen beschritt man neue Wege. Die Drehgestelle bestanden aus einfachen Kastenrahmen – so nennt man im Fahrzeugbau Rahmen, die aus in rechten Winkeln zusammengeschweißten, ihrerseits rechteckigen Stahlprofilen bestehen. Geländewagen und Militär-Lkw etwa ruhen typischerweise auf Kastenrahmen. Anders als an älteren Lokomotiven üblich sind die Drehgestelle nicht über Drehzapfen (»Königszapfen«) mit dem Lokkasten verbunden, sondern tragen diesen mit je vier Stahlschraubenfedern (»Flexicoil«), die an den Außenseiten der Drehgestelle sitzen. Unter dem Lokkasten angebrachte Zapfen sind mit entsprechenden Gegenstücken an den Drehgestellen über »Lenker« genannte, beweglich montierte Metallstangen gekoppelt. Sie nehmen die Zug- wie Druckkräfte verschleißfrei auf. Dasselbe Prinzip verbindet die Achslager mit den Drehgestellrahmen. Diese Neuerungen stellten sicher, dass die Lok Langsamfahrten auf nachlässig verlegten oder verschlissenen Gleisen ebenso meistert wie Hochgeschwindigkeitsfahrten auf schnurgeraden Neubaustrecken. Zwar legte man die Versuchsträger nur für eine Geschwindigkeit von 140 km/h aus – dies geschah aber ausschließlich mit Blick auf die Leistung des Dieselmotors. Drehgestelle und Fahrmotoren wurden von vornherein für höhere Geschwindigkeiten entwickelt.

Die Fahrmotoren – je einer pro Achse – sind pendelnd an den Drehgestellrahmen aufgehängt und übertragen ihre Kraft per Tatzlagerantrieb auf die Achsen. Bereits in den Kindertagen der elektrischen Traktion war diese Art der Aufhängung und Kraftübertragung verbreitet – insbesondere an Straßen- und S-Bahnen.

Der Tatzlagerantrieb ist simpel und preiswert. An Lokomotiven für Vollbahnen für Geschwindigkeiten jenseits der 100 km/h war er aber lange Zeit verpönt – zum einen, weil der von den Achsen ungefedert getragene Motorgewichtsanteil den Oberbau strapaziert und umgekehrt Gleisunebenheiten direkt auf den Motor durchschlagen.

Henschel und BBC entschieden sich dennoch bewusst für den Tatzlagerantrieb. Die in der DE 2500 verwendeten Drehstrom-Asynchronmotoren sind deutlich kleiner und leichter als die bisher an Vollbahnlokomotiven genutzten Reihenschlussmotoren, weshalb sie den Oberbau weniger strapazieren. Da ein Drehstrommotor ohne Bürsten auskommt, können diese auch bei einer Tatzlagerkonstruktion nicht durch auf den Motor übertragene Schienenstöße abheben. Schleudern verhindert bei der DE 2500 eine präzise Drehzahlerkennung und -regelung aller angetriebenen Achsen. Dafür nutzte man die in Drehstromasynchronmotoren mit Wechselrichterspeisung ohnehin notwendigen Rotorwinkellage-Sensoren. Da alle Fahrmotoren parallel aus der Wechselrichtergruppe gespeist werden, ist Einzelachsschleudern ohnehin nicht möglich.

Insgesamt wurden drei Exemplare der DE 2500 gebaut – das erste erhielt einen MAN-Dieselmotor des Typs V 6 V 23 /23 TL mit einer Leistung von 2500 PS bei einer Motordrehzahl von 1500 Umdrehungen pro Minute (U/min). Wegen der gegenüber anderen DB-Loks niedrigeren Höhe des Lokkastens ersetzte man die zwei üblichen MAN-Turbolader durch vier aus dem Hause BBC. Die folgenden Maschinen bekamen Henschel-Motoren mit derselben Leistung.

Die im Bw Mannheim beheimatete 202 004 setzt mit einer 218 im Bahnhof Lindau an einen Messzug des Bundesbahnzentralamts München an. Die Aufnahme entstand am 25. Mai 1974. *Foto: Archiv Eisenbahnstiftung/ Joachim Claus*

Übersicht DE 2500			
DB-Nummer	202 002	202 003	202 004
Farbe der Lok	weiß	rot	blau
Spitzname	»Weißer Riese«, später »Kanarienvogel«	»Roter Ochse«	»Blauer Bock«
Baujahr	1970	1973	1973
Länge über Puffer	18.000 mm	18.000 mm	18.000 mm
Höhe	4.280 mm	4.280 mm	4.280 mm
Breite	3.070 mm	3.070 mm	3.070 mm
Gesamtradstand	13.600 mm	13.600 mm	13.600 mm
Drehgestellachsstand	2.000 mm	3.200 mm	2.000 mm
Spurweite	1.435 mm	1.435 mm	1.435 mm
Radsatzfolge	Co'Co'	Bo'Bo'	Co'Co'
Dieselmotor	MAN V 6 V 23/23 TL	Henschel 12V 2423 Aa	Henschel 12V 2423 Aa
Leistung des Dieselmotors	2.500 PS (bei 1.500 U/min)	2.500 PS (bei 1.500 U/min)	2.500 PS (bei 1.500 U/min)
Fahrmotor	QD 335 N 4	QD 335 N 4	QD 335 N 4
Spannung	1.000 V	1.000 V	1.000 V
Einsatzleistung	375 kW	375 kW	375 kW
Einsatzdrehzahl	3.700 U/min	3.700 U/min	3.700 U/min
Gewicht	ca. 1.800 kg	ca. 1.800 kg	ca. 1.800 kg
Fahrmotorenaufhängung	Tatzlager	Tatzlager	Tatzlager
Anfahrzugkraft	265 kN	265 kN	265 kN
Höchstgeschwindigkeit	140 km/h	140 km/h	140 km/h
Dienstmasse	80 t	76 t	80 t

Über seine Kurbelwelle treibt der Motor den angeflanschten Drehstromgenerator (mit verschleißarmer, so genannter bürstenloser Erregung) an, der über einen einfachen Diodenbrückengleichrichter die Elektrizität für die Fahrmotoren liefert. Auf dieser Generatorwelle sitzt der zentrale Kühlerlüfter. Dieselmotor, Generator und Lüfter bildeten eine Einheit und wurden für den Einbau als Block per Kran in den Lokkasten gehievt.

5.3 Die Elektrik

Der Drehstrom-Asynchronmotor ist der mechanisch einfachste Elektromotor überhaupt. Seine Vorteile diskutierten wir bereits in Kapitel 2.2.3. Er hat aber einen entscheidenden Nachteil: Seine Drehzahl ist direkt abhängig von der Frequenz des ihn durchfließenden Drehstroms, geteilt durch die Polpaarzahl im Motor. Die daraus resultierende Leerlaufdrehzahl gilt aber nur für den unbelasteten Motor. Nimmt die Belastung bei fester Speisefrequenz zu, dreht der Motor langsamer und steht irgendwann ruckartig. Dieses »Kippen« lässt sich umschiffen, indem man den Motor mit der jeweils passenden Stromfrequenz ansteuert. Die Elektronik der DE 2500 macht dies über einen Bereich von 0,1 bis 125 Hz – bei letzterer erreicht die Lok die geplante Höchstgeschwindigkeit von 140 km/h.

Da der Drehstrom-Asynchronmotor ohne die für den Betrieb von Reihenschluss-Motoren nötigen Bauteile, also Bürsten und Kommutator, auskommt, ist er bei gleicher Leistung kompakter. BBC entwickelte eigene Motoren für die geplanten Schmal- wie Normalspurvarianten der Lok. Der Außendurchmesser beider Aggregate war mit 66 Zentimetern identisch, die Schmalspurausführung mit 85,7 Zentimetern aber kürzer als die Normalspurversion, die 1,19 Meter maß. Bei gleicher Maximaldrehzahl von 3700 U/min und Nennspannung (1170 V) leistete jeder der Schmalspurmotoren 250 Kilowatt (kW), die Normalspurversion hingegen 375 kW. Jedes dieser Aggregate wog 1800 kg, die Schmalspur-Gegenstücke 1100 kg. Der vom Dieselmotor angetriebene Synchrongenerator erzeugt – wie seine Gegenstücke in Kraftwerken – Drehstrom. Für das in der ersten Prototyplok verwendete Modell sind die Leistungsdaten nicht überliefert, allerdings für die verbesserten Nachfolger. Sie liefern Strom mit einer Spannung von 1000 V mit einer Frequenz von 40 bis 100 Hz – bei einer leistungsabhängigen Drehzahl von 600 bis 1500 U/ min. Ihre Nennleistung liegt bei 1800 kW; sie bringen 2,4 Tonnen

Die Drehstrom-Asynchron-Lok 202 002 mit einem Güterzug aus Mannheim in Heidelberg-Schlierbach (5. August 1972).

Foto: Archiv Eisenbahnstiftung/ Dieter Junker

Schloss Hirschhorn bildet am 5. August 1972 die malerische Kulisse für 202 002.
Foto: Archiv Eisenbahnstiftung/ Dieter Junker

Die beim Bw Mannheim stationierte 202 003 befördert am 9. August 1973 einen Eilzug bei Lauda-Königshofen. Offenkundig besaß die Lok auch einen geräumigen Führerstand. So sind neben dem Lokführer noch fünf weitere Personen auszumachen.
Foto: Eisenbahnstiftung/Frank Lüdecke

auf die Waage. Der von ihnen erzeugte Drehstrom wäre unmittelbar nicht für den Antrieb der Fahrmotoren zu gebrauchen, weshalb er zunächst gleichgerichtet, also in Gleichstrom gewandelt wird. Dazu nutzt man Drehstrom-Brückengleichrichter. Für jede der drei Drehstromphasen sind je zwei Dioden zuständig. Wie in Kapital 4.1 erklärt, sperren Dioden Strom jeweils einer Polarität. Legte man in einen Wechselstromkreis nur eine Diode, fiele jeweils eine Halbschwingung des Wechselstroms (und damit dessen Energie) einfach weg. Das ist nicht effizient; viele Verbraucher könnte man mit dem nur stotternd fließenden »Gleichstrom« gar nicht erst vernünftig betreiben. Verbindet man hingegen zwei Dioden in Brücke, nutzt man positive wie negative Halbschwingung des Wechselstroms. (Für Drehstrom kombiniert man je sechs Dioden.) Völlig gleichmäßig ist der so produzierte Gleichstrom noch nicht, weswegen man einen Kondensator nachschaltet, also ein elektronisches Bauteil, das Ladung speichern und wieder abgeben kann – es »glättet« also die Spannung. An der DE 2500 folgte der Kondensator dem Gleichrichter in einem Zwischenkreis mit einer Nennspannung von 1300 V. Warum aber wandelt man den Drehstrom des Generators überhaupt in Gleichstrom, wenn die Fahrmotoren Drehstrom wollen? Weil die vom Generator abgegebene Frequenz nur von dessen Leistung abhängt; die Fahrmotoren brauchen aber eine entsprechend der Fahr-

geschwindigkeit frei einstellbare Frequenz – unabhängig von der erforderlichen Leistung. Zum Beispiel ändert sich im oberen Geschwindigkeitsbereich bei voller Leistung und einer zugehörigen Generatorfrequenz von 100 Hz die nötige Motorfrequenz im Bereich von etwa 25 Hz bis 125 Hz. Nur über den Gleichstrom-Umweg kann man existierenden Drehstrom in den gewünschten umformen.
Dies erledigen die sich dem Zwischenkreis-Kondensator anschließenden Wechselrichter. Vier Wechselrichter arbeiten parallel, um die für den Betrieb der vier oder sechs Fahrmotoren erforderlichen Stromstärken mit der richtigen Frequenz bereitzustellen.
Jeder Wechselrichter besteht seinerseits aus drei einphasig arbeitenden Thyristoren-Dioden-Kombinationen, so genannten Zweigpaaren, die gemeinsam die vom Zwischenkreis gelieferte Gleichspannung in für die Motoren passende Drehspannung zerhacken. Etwas vereinfacht formuliert, schaltet die Kombination von Thyristoren und Dioden die Gleichspannung mit wechselnder Ausgabepolarität unterschiedlich schnell ein oder aus; der fließende Strom wird in den Thyristoren durch so genannte Löschstromkreise unterbrochen. Die Umschaltfrequenz ist deutlich höher als die gewünschte Motorstromfrequenz. BBC nannte die dafür entwickelte Technik seinerzeit Unterschwingungsverfahren, heutzutage ist unter anderem der Begriff Pulsbreitenmodulation (PWM, Pulse Width Modulation) gebräuchlich. Moderne Verstärker für die Tonwiedergabe arbeiten oft nach diesem Prinzip – sie werden als digitale oder Class-D-Verstärker bezeichnet. Die unterschiedlich langen Spannungsimpulse ergeben faktisch – durch die glättende Wirkung der Induktivitäten der Motorspulen – eine Stromsinusschwingung mit der gerade von den Motoren benötigten Frequenz. Wie erwähnt: Für dreiphasigen Drehstrom bilden je drei Wechselrichterphasen eine Einheit, die zu Beginn der Erprobung je 700 Kilovoltampere (kVA) lieferten. Insgesamt vier dieser Einheiten versorgen die Fahrmotoren. Ein an den Zwischenkreis-Kondensator anschaltbarer Widerstand ermöglicht die elektrische Bremsung – die wechselrichtergespeisten Asynchronfahrmotoren gehen allein durch die Steuerung, also ohne weitere Schaltmaßnahmen, in den Bremsbetrieb.
Da die Versuchsträger auch im Personenverkehr erprobt werden sollten, erhielten die DE 2500 einen zusätzlichen einphasigen Wechselrichter, der über die Zugsammelschiene die Zugheizung von Personenwagen mit 1000 V Heizwechselspannung von 16 ⅔ Hz – der DB-Normheizspannung – versorgt.
Insgesamt wurden drei Exemplare der DE 2500 bei Henschel in Kassel gebaut, die von der Deutschen Bundesbahn gemietet und wegen der Nähe zur damaligen deutschen BBC-Niederlassung (heute Alstom) im Bahnbetriebswerk Mannheim stationiert wurden. Die DB nahm sie als Baureihe 202 in ihren Fuhrpark auf.
Außer der Typenbezeichnung hatten die Versuchsträger keinen offiziellen Namen – ein von BBC veranstalteter interner Ideenwettbewerb brachte kein überzeugendes Ergebnis. Sie erhielten aber schnell vom Betriebspersonal Spitznamen: Die zuerst gebaute weiße 202 002 wurde der »Weiße Riese« (in Anlehnung an das gleichnamige Waschmittel), die blaue 202 004 nannte man unter Bezug auf eine damals beliebte Fernsehsendung »Blauer Bock«; seltener »Blauer Engel«. Die rote 202 003 tauften die Bahner »Roter Ochse« – sie war die einzige Lok des Trios mit zweiachsigen Drehgestellen.

5.4 202 002 unter Strom

Nachdem sich auf den Versuchsfahrten nicht nur die Dieselelektrik und insbesondere der neue Traktionsrichter der Maschinen bewährten und auch die Fahreigenschaften überzeugten, ging man den zweiten Schritt an: den Einsatz der DE 2500 als Elektrolok unterm Fahrdraht. Hierfür wurde 202 002 ausgewählt. Dieselmotor und der daran angeflanschte Generator samt Gleichrichter wurden stillgelegt – statt ihrer wurden Ballast-Stahlplatten verlegt. Dies geschah so, dass sich die Gewichtsverhältnisse nicht änderten. Da die Fahrmotorenlüfter und Luftpresser des Weißen Riesen bislang direkt vom Dieselmotor an-

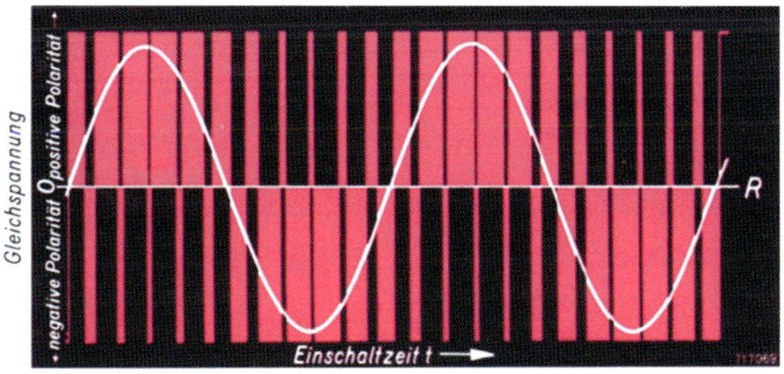

Per PWM wurde auf DE 2500 der benötigte Drehstrom produziert. Foto: BBC / Archiv transpress

getrieben wurden, erhielten diese eigene elektrische Antriebe.

Für die Stromversorgung aus der Oberleitung mussten aber Stromabnehmer (»Pantograph«), ein Transformator und weitere Leistungselektronik her, die man nicht ohne weiteres in der 202 002 selbst hätte unterbringen können. Bei den ersten, 1971 begonnenen Überlegungen von BBC und Bundesbahn sollte die Technik noch in einem an die Lok gekuppelten Güterwagen Platz finden. Letztlich entschied man sich aber für einen Nahverkehrs-Steuerwagen der Baureihe 740.2 (»Karlsruher Kopf«). Gründe dafür sind nicht überliefert – der Gedanke liegt nahe, dass man ausreichend Platz für Messinstrumente und die sie betreuenden Ingenieure bereitstellen wollte und die meisten Güterwagen nicht für Geschwindigkeiten über 100 km/h taugten.

Der Steuerwagen wurde im Ausbesserungswerk (AW) Karlsruhe umgebaut; dabei Lok und Steuerwagen zu einer Einheit verbunden. Über dem Durchgangs-Wagenende, also dem, welches der Lok am nächsten ist, montierte man auf dem Dach einen Einholm-Stromabnehmer. Von dort führte eine Dachleitung in Richtung des weiterhin funktionsfähigen Steuerabteils, vor dem der Transformator installiert wurde. Er setzte die Oberleitungsspannung von 15 kV auf zweimal 648 V herab. Dem Trafo folgt – wieder am anderen Wagenende – das wichtigste Bauteil, welches bei der Konzeption der Diesel-Versuchsträger noch nicht bekannt war: der Vierquadrantensteller. Im Prinzip handelt es sich um zwei H-förmig verschaltete Wechselrichter-Phasenbausteine, die bei Leistungsfluss aus dem Wechselspannungsnetz in den Gleichspannungs-Zwischenkreis – also im Fahrbetrieb des Triebfahrzeugs – als Gleichrichter und beim umgekehrten Leistungsfluss aus dem Gleichspannungs-Zwischenkreis in das Wechselspannungsnetz – also beim rekuperierenden oder Netz-Bremsen - als Wechselrichter fungieren. Das Transformator-/Vierquadrantensteller-Duo übernahm im Steuerwagen die Rolle von Dieselgenerator und Gleichrichter der DE 2500. Erst mit der Entwicklung des Vierquadrantenstellers 1972 war es möglich, den Oberleitungsstrom für Lok-Leistungselektronik und -fahrmotoren ohne gravierende Rückwirkung auf das Bahnstromnetz und die Signal- und Kommunikationsleitungen in der Nähe zu entnehmen. Die beiden (bei den späteren Lokomotiven meist vier) Stromrichter wurden mit gegeneinander versetzten Taktungen so betrieben, dass jeweils die am stärksten störenden niederfrequenten Stromoberschwingungen, die durch den schaltenden Betrieb der Thyristoren hervorgerufen werden, sich gegenseitig aufhoben und der verbleibende Netzstörstrom unter einem Prozent des Nutzstroms lag. Der Vierquadrantensteller hat neben seiner günstigen Netzbelastung weitere Vorteile: Bremst die Lok, wirken Elektromotoren als Generatoren, erzeugen also Strom. Über die Vierquadrantensteller kann dieser zurück in die Oberleitung und damit das Bahnstromnetz gespeist werden, braucht also nicht im Bremswiderstand verheizt zu werden.

Von den zwei Vierquadrantstellern führte ein durchs Loch fürs Schlusslicht verlegtes Kabel in die Lokomotive.

Auch äußerlich wurde der Karlsruher Kopf modifiziert: Wo nötig, wurden Türen durch Lüftungsgitter ersetzt, manche Scheiben wurden mit Folie blickdicht gestaltet. Platz für Messtechnik und Messtechniker wurde in der Wagenmitte geschaffen. Am 4. Oktober 1974 stellte das Duo aus Weißem Riese und umgebautem Karlsruher Kopf seine Betriebs und Funktionstüchtigkeit unter Beweis, ab diesem Zeitpunkt bespannte es sowohl D-Sonderzüge als auch Güterzüge. In Rhein- und Neckartal hatte der Versuchsträger bis zu 1.900 Tonnen am Haken, die er problemlos bewegte. Am 15. Februar des Folgejahres endeten die Versuche und wurden als Erfolg eingestuft – das Dreh-

Der Versuchsträger 202 003 bespannt im Hauptbahnhof von Frankfurt am Main einen Personenzug. Viele der Testfahrten fanden im Rhein-Main-Gebiet sowie im Odenwald statt. *Foto: Archiv Eisenbahnstiftung/ A. Wagner*

Der »Rote Ochse« wird zum »UmAn«

Lange, nachdem die DB-Baureihe 120 in Dienst gestellt wurde, kam Lok 202 003 zu neuen Ehren. Sie erhielt 1982 hochgeschwindigkeitstaugliche Drehgestelle (deren Aufbau später in den Triebköpfen von ICE 1/2 sowie der ab 1996 in Dienst gestellten DB-Drehstromlok 101 im Prinzip übernommen wurde) und eine andere Übersetzung. Für zusätzlichen Schub sorgte auf vielen Fahrten eine angehängte Lok der DB-Baureihe 103, da die auf 2700 PS angehobene Leistung des Dieselmotors für die anvisierten Geschwindigkeiten bei weitem nicht ausgereicht hätte. Die rätselhafte Abkürzung »UmAn« steht für »umkoppelbare Antriebsmasse« – die Fahrmotoren konnten wahlweise am Drehgestell- oder am Hauptrahmen angekoppelt werden, um im Hochgeschwindigkeitsbereich das laufkritische Trägheitsmoment des Drehgestells zu reduzieren. Der »UmAn« war für 250 km/h zugelassen und erreichte diese Geschwindigkeit auch auf der Strecke, auf dem DB-Rollenprüfstand im AW München-Freimann waren es sogar 310 km/h. Für die Messfahrten auf der Schiene bekam die Lok eine stromlinienförmige Stirnverkleidung mit Fenstern aus der Ellok-Baureihe 103, die bei der Rückkehr in den Alltagseinsatz wieder abgebaut wurde.

Heute steht die wieder stromlinienverkleidete Lok im Berliner Museum für Technik und Verkehr.

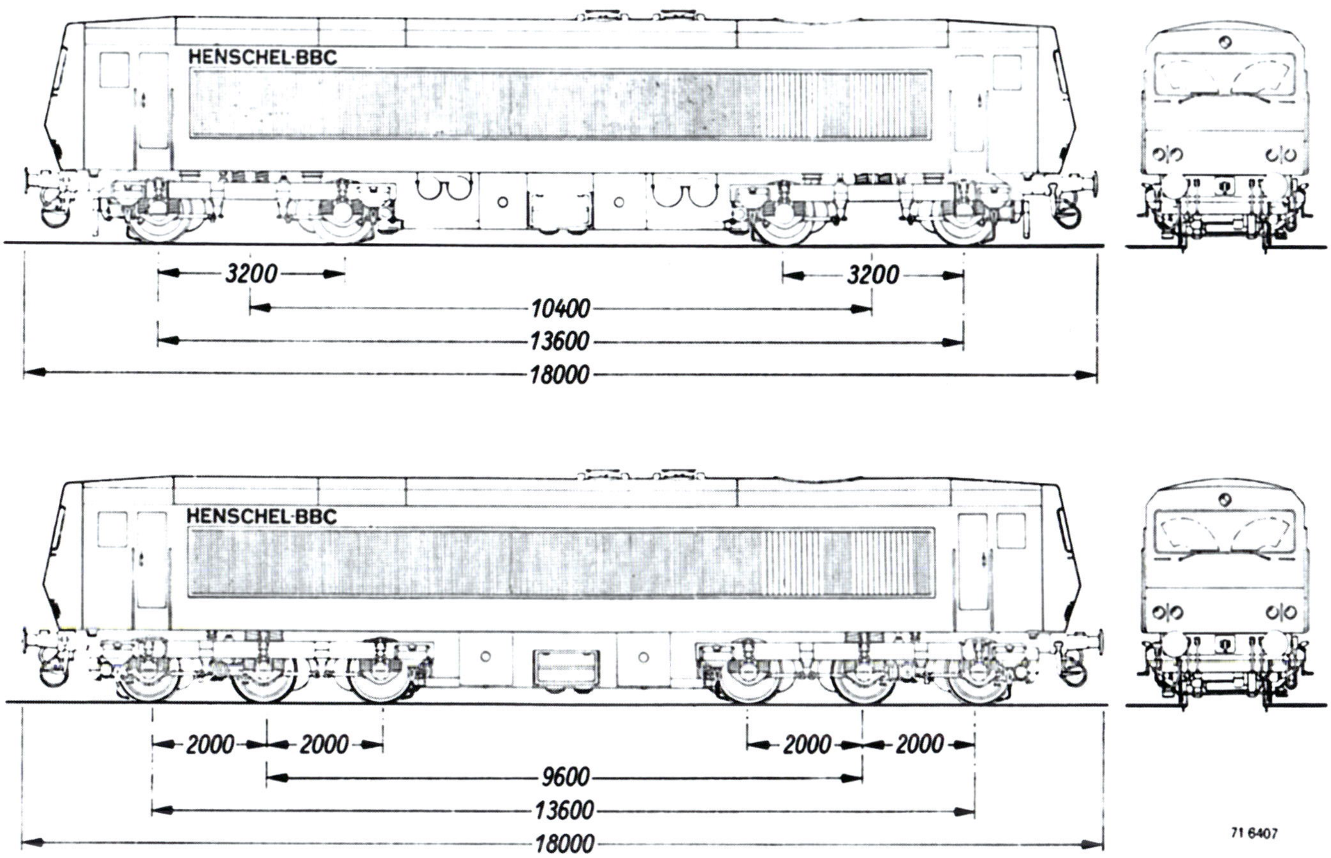

Hauptabmessungen der DE 2500 bei zwei- und dreiachsigen Drehgestellen. *Zeichnungen: Henschel/BBC*

strom-Experimentalgespann legte in den rund fünfeinhalb Monaten etwa 20.000 Kilometer ohne gravierende Probleme zurück. Für DB und Lokbauer war damit klar: Sie befanden sich auf dem richtigen Weg. Durch den stufenlos regelbaren Drehstrom-Asynchronmotor schleuderten die Räder nicht mehr – anders als bei den bis dahin verfügbaren, mit Schaltwerken kontrollierten Antrieben. Dies ist angesichts stark steigender Motorleistung besonders wichtig. Dem wechselrichtergespeisten Drehstrommotor macht es nichts aus, im Stand mit vollem Drehmoment beaufschlagt zu werden, wodurch eine zügigere Anfahrt und weniger Schäden zu erwarten sind.
Das Prinzip für die Ellok der Zukunft war also gefunden. Nun hieß es, aus dem Versuchsfahrzeug eine alltagstaugliche Zugmaschine zu entwickeln.

Drehstromversuchsfahrzeug DE 2500 mit Steuerwagen. *Foto: Henschel*

6. Die Baureihe 120

Kommen wir jetzt endlich zum Star dieses Buches, der Baureihe 120? Noch nicht. Denn BBC und Henschel setzten ihre Erkenntnisse aus den Versuchen mit der DE 2500 zunächst in einer elektrischen Industriebahn-Lok um. Beide Firmen wurden 1974 mit dem Bau von Maschinen für die Zechenbahnen der Ruhrkohle AG (RAG) beauftragt. 1976 lieferte man sechs Exemplare. Es waren die ersten modernen und in (Klein-)Serie gefertigten Drehstromlokomotiven – allerdings noch weit entfernt von den Leistungsdaten der Baureihe 120. Die vierachsigen E 1200 boten eine Nennleistung von 1.500 kW bei einer Höchstgeschwindigkeit von 60 km/h. Lange nach der Indienststellung der 120 bestellte RAG sieben weitere E 1200, die 1984 fertiggestellt wurden. Fast alle Exemplare dieser Lok sind seit 2010 ausgemustert. Bei Redaktionsschluss dieses Buches waren noch zwei Maschinen im täglichen Einsatz; je eine findet sich im DB-Museum Koblenz-Lützel beziehungsweise im Eisenbahnmuseum Bochum-Dahlhausen.

E 1200 als RBH 004 mit einem Kohlenzug bei der Ausfahrt vom Werksgelände der Kokerei Prosper in Bottrop. *Foto: Wikimedia Commons - Rob Dammers (CC BY 2.0)*

RBH

Henschel E 1200 als RBH 004 im Herner Westhafen am 2. September 1990. RBH ist die Nachfolgerin der RAG-Bahn und gehört zu DB Cargo. *Foto: Wikimedia Commons – MPW57 (public domain)*

Die E 1200 waren auch Vorlage für die Güterzug- und Verschublokomotiven der Baureihe 1063 der Österreichischen Bundesbahnen, von denen ab 1982 insgesamt 50 Stück beschafft wurden.

6.1 Motoren für Erwachsene

Mit der Kombination von DE 2500 und dem Bahnstrom-/Vierquadrantenstellerteil aus dem umgebauten DB-Steuerwagen kannten Henschel und BBC die wesentlichen Komponenten der kommenden Drehstromlokomotiven. Aber ein zentrales Element der konzipierten neuen Zugmaschinen fehlte noch: der Fahrmotor. Wir erinnern uns: die Aggregate der DE 2500 leisteten maximal 375 kW, bei der sechsachsigen Variante standen antriebsseitig also 2.250 kW Leistung bereit. Die geplante Hochleistungslokomotive sollte aber über vier Achsen zunächst 4.400 kW auf die Gleise bringen, was nach einer Leistung von 1.100 kW pro Fahrmotor verlangt. Neben der Elektrik und Leistungselektronik oblag es BBC also auch, entsprechende Motoren zu entwickeln und zu fertigen. Eine konzeptionelle Verbesserung gegenüber den Motoren der 2500er: Die Techniker der BBC erhöhten die Zwischenkreisspannung auf jetzt 2800 V (ursprünglich 1400 V) und die Motor-Versorgungsspannung auf 2200 V, was eine dünnere und damit leichtere Verkabelung dieser Teile der elektrischen Anlagen erlaubt. Insbesondere die Drähte, die zum Drehgestell führen, wurden dadurch leichter – und damit das gesamte Drehgestell.

Im damaligen BBC-Hauptwerk in Mannheim-Käfertal erprobte man deshalb den für die Baureihe 120 vorgesehenen Motor im Großmaschinenprüffeld unter möglichst realistischen Bedingungen. Praktischerweise führt die alte Bahnstrecke von Frankfurt/Main nach Mannheim (»Riedbahn«) durch Käfertal – genau am BBC-Werk vorbei.

Erprobung des 1,4 MW-Fahrmotors mit Antrieb im Prüffeld.
Foto: Werkfoto BBC / Archiv transpress

Die damalige Bundesbahn zweigte aus ihrem Netz Bahnstrom ab – laut den verfügbaren Quellen kostenfrei. BBC profitierte auf mehrfache Weise davon: Der Motor auf dem Prüfstand trieb einen Belastungsgenerator an, dessen Gleichstrom seinerseits einen Wechselrichter versorgte, der daraus Wechselstrom mit der üblichen Frequenz von 50 Hz ins Werksnetz speiste, was die Stromrechnung des Hauses ein wenig senkte. Der entscheidende Vorteil dieses Versuchsaufbaus war aber: Auf diese Art musste die vom Motor erzeugte Energie nicht über zu kühlende Widerstände abgebaut werden.
Um den Motor erproben zu können, war ein eigener Stromrichter am Prüfstand installiert worden, der aus dem Bahnstrom Drehstrom machte. Mit dem eigentlichen Motor installierte man Getriebe und Achsantrieb, denn auch diese Komponenten sollten ja der gewünschten Leistung im Dauerbetrieb standhalten können. Zunächst war man bei BBC davon ausgegangen, dass die Motorkonstruktion ausreichend konzipiert für die erwähnten 1.100 kW Dauerleistung ist. In der sechsmonatigen Erprobungsphase stellte man schnell fest, dass alle Komponenten mühelos – die letztlich realisierten – 1.400 kW liefern können. 34 Sensoren im Stator und sechs im Käfigläufer registrierten in den Prototypen während der Dauerlaufversuche keine Überschreitung kritischer Temperaturen. Insgesamt zog sich die Motorerprobung und -entwicklung über zwei Jahre hin – von 1974 bis 1976.
Am Ende der Versuche stand die Erkenntnis: Mit dem von BBC entwickelten Drehstrom-Kurzschlussläufer-Asynchronmotor lässt sich eine Elektrolokomotive mit der gewünschten Leistung als Universalist realisieren. Der Bau von Prototypen konnte beginnen.

6.2 Der »Weiße Riese« wird gelb

Der erste Einsatz des für die Baureihe 120 konzipierten und für gut befundenen 1.400-kW-Motors fand aber nicht etwa in einem Lokkasten statt, der auch nur entfernte Ähnlichkeit mit den späteren 120ern gehabt hätte. Stattdessen schnappte man sich den »Weißen Riesen«, also den bei der DB als 202 002 geführten Versuchsträger, dessen Dieselmotor im Zuge der Steuerwagen-Bahnstromversuche ohnehin schon ausgebaut worden war. So wollte man gleich mehrere Fliegen mit einer Klappe schlagen: Die Staatsbahn der Niederlande (Nederlandse Spoorwegen, NS) schaute sich nach neuen Elektrolokomotiven um – mit ihr hoffte man ins Geschäft zu kommen. BBC wollte zudem

Im Juli 1977 wartet die Lok 1600 P (ex 202 002) in der Station Hengelo auf ihren nächsten Einsatz.
Foto: Alstom/Bombardier Transportation

den für die Baureihe 120 vorgesehenen und im Prüffeld bewährten Fahrmotor im Alltag erproben und gleichzeitig testen, inwieweit die theoretische Unabhängigkeit der modernen Drehstromtechnik vom verfügbaren Bahnstrom tatsächlich reichte. Denn von allen Stromversorgungen elektrischer Vollbahnen gehört die des niederländischen Netzes mit nur 1500 Volt Gleichstrom weltweit zu denen mit der niedrigsten Spannung. (Auch auf Teilen des französischen Schienennetzes ist diese Spannung gebräuchlich, ebenso einigen japanischen, indonesischen, irischen und australischen Netzen; im Vereinigten Königreich sind es auf einigen Strecken nur 750 Volt, allerdings werden die nicht per Fahrdraht, sondern mittels Stromschiene zugeführt.) Zudem sollte ein potentiell störender Einfluss der Stromrichter auf diese Art Bahnstromversorgung geprüft werden. Gleichzeitig wollten Henschel und BBC die Zugkraftübertragung im Rad-Schiene-Kontakt sowie eine dafür geeignete Schlupfregelung erproben.

Blick in den Führerstand von 120 113. Am 31. März 2014 fährt sie einen Intercity vom Dresdner Hauptbahnhof zur Abstellung nach Dresden-Reick. *Foto: V. Emersleben*

Es mag zunächst kurios erscheinen, dass sich Ingenieure im Jahr 1977 und damit 142 Jahre, nachdem der erste Zug in Deutschland verkehrte, mit grundsätzlichen Dingen wie eben dem Rad-Schiene-Kontakt befassten. Es gab dafür aber gute Gründe. Die Kontaktfläche eines Antriebsrades zur Schiene ist nur einen halben Zentimeter größer als der Durchmesser einer Zwei-Euro-Münze. Der moderne Drehstromantrieb ändert die Adhäsionsausnutzung, also den Wert, der sich ergibt, wenn man die Zugkraft einer Lok durch deren Gewichtskraft teilt. Bis dahin waren Werte von 25 Prozent üblich. Beim für die NS gebauten Prototypen betrug die Zugkraft 250 bis 3000 Kilonewton (kN), sein Gewicht 800 kN, wodurch sich eine Zugkraft von 35 Prozent ergibt. Diese höhere Leistung muss auf die Schiene gebracht werden; über 40 Prozent darf der Wert nicht liegen.

Unter diesen Vorgaben entstand ab 1977 aus dem »Weißen Riesen« bei Henschel in Kassel die 1600 P; lackiert im noch heute gebräuchlichen Gelb der NS – was ihr in ihrem Testgebiet prompt den Spitznamen »Kanarie« einbrachte, also Kanarienvogel. Waren in der Dieselvariante der Lok noch alle sechs Achsen angetrieben, erhielt für diese Versuche nur eines der beiden dreiachsigen Drehgestelle den 1.400-kW-Motor, woraus die exotische Achsfolge (1A1) 3‘ resultierte. Im antriebslosen Drehgestell der 1600 P ließ man die ursprünglichen Motoren der Gewichtsverteilung wegen eingebaut; sie waren aber

Blick in den Führerstand der 120 114 im Bw Berlin-Rummelsburg (25. Mai 2010). *Foto: U. Miethe*

funktionslos. Diese waren – wir erinnern uns – noch per Tatzlagerung mit den Rädern verbunden, was bei ihrem niedrigen Gewicht, der vergleichsweise geringen Leistung und der projektierten Geschwindigkeit des ursprünglichen Versuchsträgers auch kein Problem war. Der kommende Motor der Baureihe 120 hingegen sollte schon mit Blick auf die angepeilte Höchstgeschwindigkeit seine Kräfte sanfter auf die Räder übertragen. Henschel entschied sich für einen Hohlwellen-Gummigelenk-Kardanantrieb ähnlich dem der DB-Baureihe 103 (siehe Kapitel 4.6).

Hatte man für die Elektroversuche im DB-Netz noch die elektrische Ausrüstung samt Stromabnehmer im fest angekuppelten Nahverkehrs-Steuerwagen installiert, baute man nun alles in den »Kanarie« – einschließlich passendem Stromabnehmer.

Im Kapitel 5.3 wurde es bereits erläutert: Der elektrische Gleichstrom-Zwischenkreis der DE-2500-Versuchsträger arbeitete mit einer Spannung von 1400 Volt. Das ist recht nah am nominellen Wert des niederländischen Bahnstromnetzes. In der 1600 P arbeitete aber schon der für 2800 V ausgelegte und an die späteren Serienmotoren angepasste, ölgekühlte Stromsteller. Auch sonst gab es gegenüber der Leistungselektronik aus dem »Karlsruher Kopf« Änderungen. Aus einem Viertel des ursprünglich verwendeten Vierquadrantenstellers entstand eine Kombination von Einquadrant-Hochsetzsteller und Motorwechselrichter.

Fassen wir zusammen: Der Gleichstrom-Zwischenkreis der 1600 P arbeitet mit 2800 V, die tatsächliche Spannung im niederländischen Netz schwankte damals zwischen 600 und 1900 Volt. Für einen zuverlässigen Betrieb des Wechselrichters, der den Drehstrom für den Fahrmotor liefert, musste die von der Oberleitung kommende Spannung stabilisiert werden. Der damals verwendete Eingangsstromrichter glich die zu niedrige Netzspannung ähnlich wie die Zündspule eines Pkw aus, indem er durch Induktion kurzfristig die Spannung auf den Nennwert hochsetzte.

Da der Kanarie im deutschen Netz nicht fahren konnte, zog ihn das Schwesterfahrzeug »Roter Ochse« zu den Fahrten in die Niederlande. Die Versuche verliefen mit Blick auf die Einsatzfähigkeit der Drehstomtechnik auf den Gleisen der Nederlandse Spoorwegen erfolgreich. Dennoch beschaffte die Bahn schließlich Gleichstromlokomotiven konventioneller Bauart aus Frankreich – die NS-Serienlok 1600 stammt von der von Alstom (damals noch Alsthom geschrieben) gebauten BB 7200 ab. Wegen ihrer charakteristischen Front werden sie gebrochene oder Knicknasen (nez cassé) genannt. Auch wenn bei diesem NS-Auftrag das Kasseler Henschel-Werk leer ausging: Nach Umwegen über Adtranz und Bombardier gehört es heute Alstom – letztlich blieb das Geschäft also in der Konzernfamilie.

Dennoch waren die Versuche in den Niederlanden keine Zeitverschwendung: Systempartner BBC gewann wichtige Erkenntnisse über das Verhalten der Drehstromtechnik im niederländischen Netz; Henschel über das Adhäsionsverhalten von schnellfahrenden Lokomotiven.

6.3 BR-120: Die Anforderungen

Die Deutsche Bundesbahn hatte präzise Vorstellungen davon, was der Wechsel auf Drehstromantrieb im Allgemeinen und die Baureihe 120 im Besonderen leisten sollte. Im 23-seitigen Lastenheft legte die DB ihre Wünsche penibel fest. Die neue Lok sollte

- Personenzüge mit einem Gewicht von 700 t über eine Steigung von 0,5 Prozent mit einer Geschwindigkeit von 160 km/h (später 200 km/h) ziehen können
- Güterzüge mit einem Gewicht von 2.200 t mit 80 km/h bewegen; für die in fester Zusammenstellung fahrenden Fracht-Ganzzüge sollte diese Geschwindigkeit noch bei einem Gewicht von 2700 t erreicht werden
- Zwei in Doppeltraktion fahrende BR 120 sollten entsprechend Züge von 5.400 t mit 80 km/h ziehen können
- Die Lok sollte eine Anfahrzugkraft von 340 Kilonewton (kN) entwickeln

Aus überaus verständlichen Gründen forderte die Bundesbahn einen möglichst geringen Wartungsaufwand. Verschleißteile sollten so dimensioniert sein, dass sie nur bei der regulären Wartung ersetzt werden mussten. Hauptuntersuchungen (»Fristen«) sollten frühestens nach 100.000 zurückgelegten Kilometern nötig sein; die Fahrwerke der Lok eine Million gefahrene Kilometer aushalten, der Fahrzeugaufbau zwei Millionen. Alle Bauteile oder Wartungsklappen sollten leicht zugänglich sein, die Lok Fehler diagnostizieren und anzeigen.

Die DB verlangte eine möglichst korrosionsbeständige Lok; Wasser sollte idealerweise gar nicht erst eindringen können. Sofern Ecken oder Falten, in denen sich Wasser sammeln konnte, nicht zu vermeiden waren, mussten diese Abläufe haben.

Auch für die übrige Mechanik der Lok hatte man klar umrissene Anforderungen: Das Pflichtenheft der DB sah für die Prototypen der Baureihe 120 eine Höchstgeschwindigkeit von 160 km/h vor. Die Gesamtmasse durfte 84 Tonnen (t) nicht überschreiten, wovon 47 t auf den elektrischen Teil entfielen. Das Maximalgewicht entsprang keiner Willkür: Man wollte – anders als beim Flaggschiff 103 – eine vierachsige Lok, denn das verspricht weniger Wartungsaufwand und -kosten. Gleichzeitig verträgt der Gleiskörper (»Oberbau«) nur eine bestimmte Achs-Höchstlast. Auf bundesdeutschen Bestandsstrecken waren dies 21 t, die vier Achsen der BR 120 hätten also mit 84 t diese Grenze ausgereizt. Auf Neubaustrecken sind mittlerweile 22,5 t Standard.

An den 84 t führte kein Weg vorbei – gleichzeitig zeichnete sich bei der Planung ab, dass die neue elektrische Ausrüstung mehr Platz benötigen würde als die Elektrotechnik althergebrachter Elloks. Die BR 120 wurde mit 19,20 Metern schließlich drei Meter länger als die bisherigen vierachsigen E-Loks der DB. Zum Vergleich: Die Maschinen der Baureihe E 10 sind je nach Modell über Puffer 16,44 beziehungsweise 16,49 Meter lang, die der Reihe 111 16,75 Meter. Die Baureihe 120 hingegen wurde fast so lang wie die sechsachsige 103 (19,50/20,20 Meter). Die Länge war kein prinzipielles Problem, erhöhte aber ebenfalls das Gesamtgewicht der 120. Die Konstrukteure waren gefordert, einerseits einen möglichst leichten Lokkasten zu entwickeln, der sich aber trotz des hohen Elektrik-Gewichts über die 19,20 Meter nicht durchbiegen durfte. Wie seinerzeit Beteiligte berichten, rangen die Entwickler um jedes Kilogramm. Der Führerstand der Loks der Baureihe 120 wurde im Wesentlichen von der kaum jüngeren, also damaligen Ergonomieanforderungen entsprechenden, Baureihe 111 übernommen und sollte klimatisiert sein.

In den Prototypen der 120 waren Bremswiderstände vorgesehen, die beim Ausfall des Bahnstromnetzes die von den Motoren produzierte Bremsenergie vernichten sollten. Sie erwiesen sich aber als überflüssig, weshalb man in der Serie auf sie verzichtete. *Foto: BBC / Archiv transpress*

6.3.1 *Die elektrische Ausrüstung*

Jeder der vier Fahrmotoren wird von eigener Elektrik und Elektronik kontrolliert; die folglich vier nötigen Schaltkreise wurden aber für je ein Drehgestell zusammengefasst (»Drehgestellspeisung«). Mit dieser Anordnung wollte man einerseits etwas der teuren Elektronik sparen, andererseits hoffte man, die herrausragende Schleuderfestigkeit der DE 2500 in die 120 transplantieren zu können. Die durch den Drehstrom Asynchronmotor mögliche elektrische Bremse sollte die Lok fast bis zum Stillstand bremsen können, der dabei generierte Strom ins Netz eingespeist (»Rekuperation«) werden. Sollte das Bahnstromnetz ausfallen, hielt man es zunächst für nötig, dass die 120 die beim Bremsen entstehende Energie per Bremswiderstand in Wärme umsetzen kann. Stichwort Stromversorgung: Die neue Lok sollte 4 kV Überspannung auf der Oberleitung über mindestens zehn Minuten ohne Murren verkraften und bei einer Abweichung nach unten auf nur 8 kV (beinahe die Hälfte der 15-kV-Nennspannung) noch mit verminderter Leistung fahren können. Von der Lok verursachte Störströme sollten im Mittel nicht stärker als 1 A sein und 3,5 A nicht überschreiten. Ebenso wenig durfte sie Signal- und Fernmeldeeinrichtungen entlang der Strecke stören.

Die Leistungselektronik sollte nach den Buchstaben des 23 Seiten umfassenden Lastenhefts durch einen Ölkreislauf gekühlt werden (ebenso die Transformatoren; was auch an aktuellen Triebfahrzeugen noch Standard ist). Zunächst hatte BBC geplant, die Umrichter mit Luft zu kühlen. Wegen der genannten Gewichtsgrenze der elektrischen Ausrüstung von 47 t konnte dies nicht verwirklicht werden – die schlussendlich realisierte Ölkühlung sparte 4 t Gewicht und einiges an Platz. Allein das Volumen der nötigen Luftkanäle und der Luftfilter hätte jeden Rahmen gesprengt...

Die Steuer- und Regelelektronik wollte man in luftdichten Schränken unterbringen und dort von Wärmetauschern kühlen. Fahrmotoren wie auch Ölkühler und Bremswiderstände sollten Axiallüfter vor Überhitzung schützen, die mit

Die Gewichtsverteilung der BR 120 – ein Problem?

Mit 47 t war die elektrische Ausrüstung der BR 120 deutlich schwerer als die vergleichbarer Elloks jener Epoche. Dies war der zusätzlichen Elektrik und Elektronik geschuldet, ohne die sich die Drehstrommotoren nicht sinnvoll und wirtschaftlich nutzen ließen. Der Drehstrom-Kurzschlussläufer-Asynchronmotor selbst war schon seinerzeit deutlich leichter als konventionelle Kommutator-Fahrmotoren. Aber was man in den Drehgestellen an Gewicht sparte, kam in der elektrischen Ausrüstung hinzu. War der ganze Aufwand also ein teures Nullsummenspiel, das dazu noch den Schwerpunkt der Lok nach oben verschob, sie also empfindlicher gegen Seitenwind und insgesamt instabiler machte?

Keineswegs. Erstens liegen die schweren elektrischen Komponenten der BR 120, etwa der Haupttransformator, tief genug im Wagenkasten, um einen noch ausreichend niedrigen Schwerpunkt sicherzustellen. Zweitens sind leichte Fahrmotoren und damit Drehgestelle im Lokbau gewünscht und vorteilhaft. Je schwerer ein Fahrwerk ist, desto mehr verschleißt es bei hohen Geschwindigkeiten und beansprucht auch den Oberbau stärker. Und: Je weiter die schweren Fahrmotoren vom Drehpunkt des Drehgestells entfernt sind, desto schwieriger wird es, stabilen Lauf bei hohen Geschwindigkeiten zu erreichen. Außerdem steigen Beanspruchung des Oberbaus und Verschleiß am Drehgestell. Für den Bahnbetreiber sind leichte Drehgestelle also in jedem Fall ein Gewinn. Darüberhinaus war allen Beteiligten klar, dass die Leistungselektronik im Jahr 1977 erst am Anfang stand, spätere Generationen der Drehstromtechnik also mit weniger und leichteren Bauteilen auskommen würden.

Blick auf die Lärmentwicklung mit höchstens 1800 U/min arbeiten durften. In einem Abstand von 2,50 m sollte die Lok bei schwach laufenden Lüftern einen Geräuschpegel von 80 db (A) nicht überschreiten. Wie schon am S-Bahnzug der BR 420 wollte man auch die Hilfsbetriebe der neuen Lok mit Drehstrom betreiben.

Mit Blick auf möglichst lange Nutzungsdauer der Radsätze wichtig: Die Zugkraft der Lok sollte so eingestellt werden können, dass sie verschleißbedingte Abweichungen in den Radsatzdurchmessern zwischen beiden Drehgestellen von bis zu drei Zentimetern zulässt.

6.3.2 *Gehäuse*

In Abstimmung mit dem Designzentrum des damaligen Bundesbahn-Zentralamts München (BZA) orientierte man sich an den Begrenzungslinien der Schweizer Normalspurbahnen – in sie musste die neue Lok passen. Die Dachkante der Lok sollte bündig mit der von Reisezugwagen abschließen. Die Option, den Lokomotivkopf mit Blick auf die bereits erwogene Freigabe für eine Geschwindigkeit von 200 km/h aerodynamisch zu optimieren, war ebenfalls im Lastenheft festgehalten.

Nicht nur Korrosionsbeständigkeit war vom kommenden Zugpferd der DB gefordert – die Maschine sollte die Pflege in Waschanlagen überstehen, wodurch sich hervorstehende Teile verbaten. Das Sprühen von heißem Wasser mit acht Bar Druck durfte der Lok nichts ausmachen; der Maschinenraum, Lager und Getriebe mussten spritzwasserdicht sein.

6.4 Die Umsetzung

Bei der damaligen Bundesbahn hielt man die ursprünglich geplanten zwei Prototypen der Baureihe 120 für zu wenig. Mit zwei Versuchsmustern während der auf nur ein Jahr veranschlagten Erprobungsphase sowohl die Eigenheiten als mögliche Kinderkrankheiten des neuen Antriebs und der neuen Elektronik kennenzulernen und zu beseitigen schien unrealistisch. Zudem wollte man auch mögliche Probleme einkreisen, die sich ausschließlich in der ge-

Technische Daten

Druckschrift Nr.
DVK 1047 81 D

BBC
BROWN BOVERI

Elektrische Universallokomotive E120 der DB

Die Entwicklung der Leistungshalbleitertechnik in Verbindung mit dem Einsatz des robusten, wartungsarmen Drehstrom-Asynchronmotors mit Käfigläufer gestattete erstmals den Bau einer Hochleistungslokomotive mit 5,6 MW Leistung für universellen Betriebseinsatz. Die Lokomotive ist für den Einsatz vor folgenden Zügen konzipiert:

700 t Reisezüge	v = 160 km/h
2700 t/5400 t* Gdg-Gag-Züge	v = 80 km/h
(* in Doppeltraktion)	
2200 t Frachtenzüge	v = 80 km/h
1500 t Schnellgüterzüge	v = 100 km/h

Technische Daten:

Lieferjahr	1979
Spurweite	1435 mm
Länge über Puffer	19200 mm
Drehzapfen-Abstand	10200 mm
Drehgestellradstand	2800 mm
Achsfolge	Bo'Bo'
zulässige Geschwindigkeit	160(200) km/h
Dienstgewicht	84 t
max. Anfahrzugkraft	340 kN
Nennleistung (nach UIC)	5600 kW
Druckluftbremse	KE-GPR-E m Z
Feststellbremse	Federspeicher
elektrische Bremse:	
Netzbremse:	
Bremsleistung dauernd	3300 kW
Bremskraft maximal	150 kN

Mit diesem Prospekt warb die Firma BBC für die neue Lok, die sie maßgeblich mitentwickelt hatte.
Abbildung: BBC / Archiv transpress

forderten Doppeltraktionsfähigkeit ergeben könnten. Aus diesen Gründen bestellte die DB fünf Vorserienloks der 120. Zwei sollten für Versuche bereitstehen, drei im Planbetrieb fahren. Die Loks erhielten die Seriennummern von 120 001 bis 005.

Wie nicht nur bei Bahnen, sondern fast allen öffentlichen Auftraggebern jener Zeit üblich, vergab man Aufträge, wann immer möglich, zu gleichen Teilen an heimische Hersteller. Neben dem beim Vorläufer DE 2500 für den Mechanteil verantwortlichen Henschel-Werk in Kassel waren dies Krauss-Maffei in München und (Thyssen-) Krupp in Essen. Für die elektrische Ausrüstung der Prototypen sollte hingegen ausschließlich BBC mit AEG als Zulieferer verpflichtet werden. Aus heutiger Sicht mag dies kurios erscheinen – aber damals war der Vorsprung von BBC bei der Drehstromtechnik so groß, dass die ansonsten im Bahnsektor umtriebige Firma Siemens nicht in vertretbarer Zeit auf einen vergleichbaren Stand zu bringen gewesen wäre. Das BZA stellte im Januar 1976 kurz und bündig fest: »Der technische Entwicklungs-

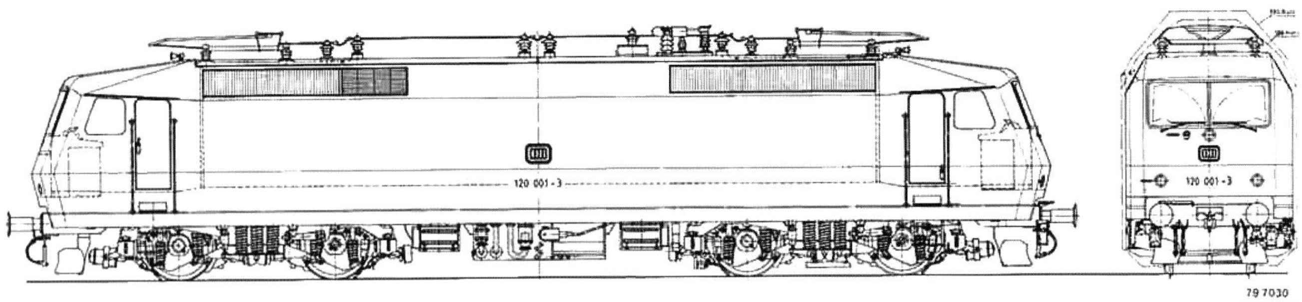

Geräteanordnung

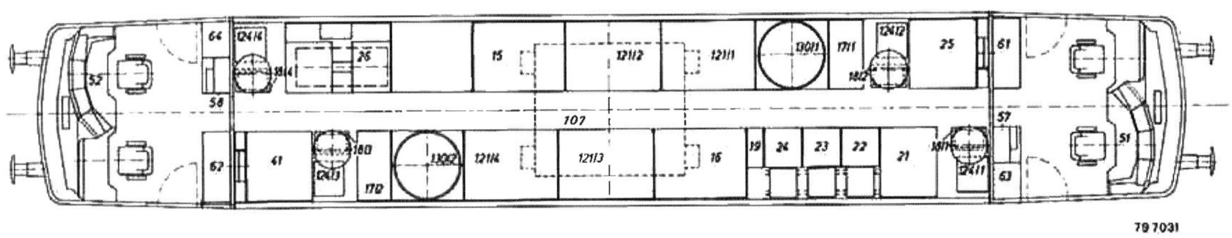

15, 16	Schütze, Wandler, Saugkreiskondensator
17/1,2	Schütze, Wandler
18/1–4	Fahrmotorlüfter
19	Hochspannungseinspeisung
21	Hilfsbetriebe, Ladegerät, Heizung
22, 23, 24	Hilfsbetriebeumrichter für Drehstrombordnetze
25	Druckluftgerüst
26	Luftpresser
41	Steuerstrom, Automaten
51, 52	Führertisch
57, 58	Feuerlöscher, Buchfahrpläne, Thermofach, Kleiderfach
61, 62	Steuerungselektronik
63, 64	Elektronikstromversorgung, ZWS, Sifa
107	Transformator (Unterflur)
121/1–4	Traktionsstromrichter
124	Motorvordrossel
130/1, 2	Ölkühler für Trafoöl und Stromrichteröl

Außenansicht (oben) und Geräteanordnung in der Lok *Zeichnung: BBC / Archiv transpress*

stand der Firmen Siemens und AEG entspricht etwa dem der Firma BBC im Jahre 1972-1973.« Zwar hatte man sich auch bei Siemens mit Drehstromtechnik beschäftigt; die bei diesem Hersteller verfügbaren Stromrichter benötigten seinerzeit aber schwere Drosselspulen. Bei den für die Baureihe 120 geforderten Leistungen hätten sie das Gesamtgewicht übers zulässige Maß getrieben. (Siehe auch Kapitel 8.)

Von den damals tätigen Firmen sind heute nur noch zwei übrig geblieben: Siemens übernahm die Bahnsparten von Krauss-Maffei und Krupp, Alstom über mehrere Zwischeneigentümer AEG, Henschel und BBC.

Am 3. September 1976 gab BBC beim Münchner BZA das Angebot für den elektrischen Teil der Ausrüstung ab: Pro Lok veranschlagte man die Summe von 2.480.000 Deutschen Mark – nach aktueller Kaufkraft rund 3,4 Millionen Euro. Die Lokomotiven wollte man ab 1977 bis 1979 liefern. Am 22. März 1977 unterschrieb BBC den Vertrag, die DB in Gestalt des BZA paraphierte am 5. April 1977.

Vor winterlicher Kulisse verlässt 120 002 am 10. Februar 1985 den Nürnberger Hauptbahnhof. *Foto: G. Pettinger*

Der Termin für die Vertragsunterzeichnung des mechanischen Teils ist nicht überliefert, allerdings die Kosten pro Lok: 1.885.000 D-Mark (rund 2,6 Millionen Euro). Die insgesamt drei Hersteller des Mechanteils mussten sich bei der Planung sorgfältig abstimmen, damit bei der Endfertigung alles passte (siehe auch Kapitel 8). Für den Prototyp 120 001 war das Krauss-Maffei-Werk in München-Allach Produktionsstandort; dorthin lieferte auch BBC die elektrische Ausrüstung. Während man frühere Aufträge immer an einen hauptverantwortlichen Hersteller vergab, legte man mit der Baureihe 120 den Grundstein für die lange Zeit übliche Konsortialbauweise.

6.5 Das Prototypen-Quintett

Am 14. Mai 1979 wurde bei Krauss-Maffei in München-Allach die Lokomotive 120 001 an den Kunden, die Deutsche Bundesbahn, übergeben. Zuvor drehte das erste Exemplar der geplanten Prototypen bei BBC in Mannheim auf dem dortigen Werksgleis erste Runden und stellte auf der Strecke mit einer E 103 als Bremslok seine Funktionsfähigkeit unter Beweis. Zur offiziellen Übergabe erschienen nicht nur Vertreter der beteiligten Firmen und der DB, sondern auch die Presse. Die bisher nur in den Köpfen der Ingenieure und Entwickler vorhandenen Ideen hatte sich in Form einer tatsächlich einsatzbereiten Zugmaschine materialisiert.

Die fünf Vorserienloks der Baureihe 120 waren so selten zu sehen, dass Eisenbahnfreunde jede Möglichkeit nutzten, um ein Exemplar zu fotografieren. So entstand auch dieser typische Schuss aus dem Zugfenster von 120 002, die dem Fotografen mit einem Güterzug entgegenkam. Foto: M. Dohlen

Man kann es nicht oft genug erwähnen: Die größte Herausforderung für die Planer bestand darin, das Gewicht der Lok nicht über die maximal möglichen 84 t steigen zu lassen. Da an der elektrischen Ausrüstung kaum zu rütteln war, musste der maschinenbauliche Teil so leicht wie möglich werden. Der Lokkasten der 120 sollte 3,5 t leichter sein als der der Baureihe 111, gleichzeitig aber 3,5 t mehr elektrische Ausrüstung tragen. Damit nicht genug: Die gegenüber der 111 deutlich längere Lok sollte in ihrer Mitte das schwerste Teil der Ausrüstung sicher halten, den Transformator.

6.5.1 Der Lokkasten

Basis des Untergestells wurden drei Langträger – zwei äußere und einer in der Mitte. Die äußeren Träger bestehen aus zwei Gurten (den »Querstreben« eines Stahlträgers) in Form luftdicht verschweißten Vierkantrohres, dazwischen sitzt ein 4 mm starkes Stegblech. Zwischen Kopfträger und Drehzapfenträger bildet es durch einen weiteren, 2,5 mm starken Steg einen Kasten. Der Untergurt der äußeren Langträger nimmt die je sechs Flexicoilfedern der Drehgestell-Abstützung direkt auf.

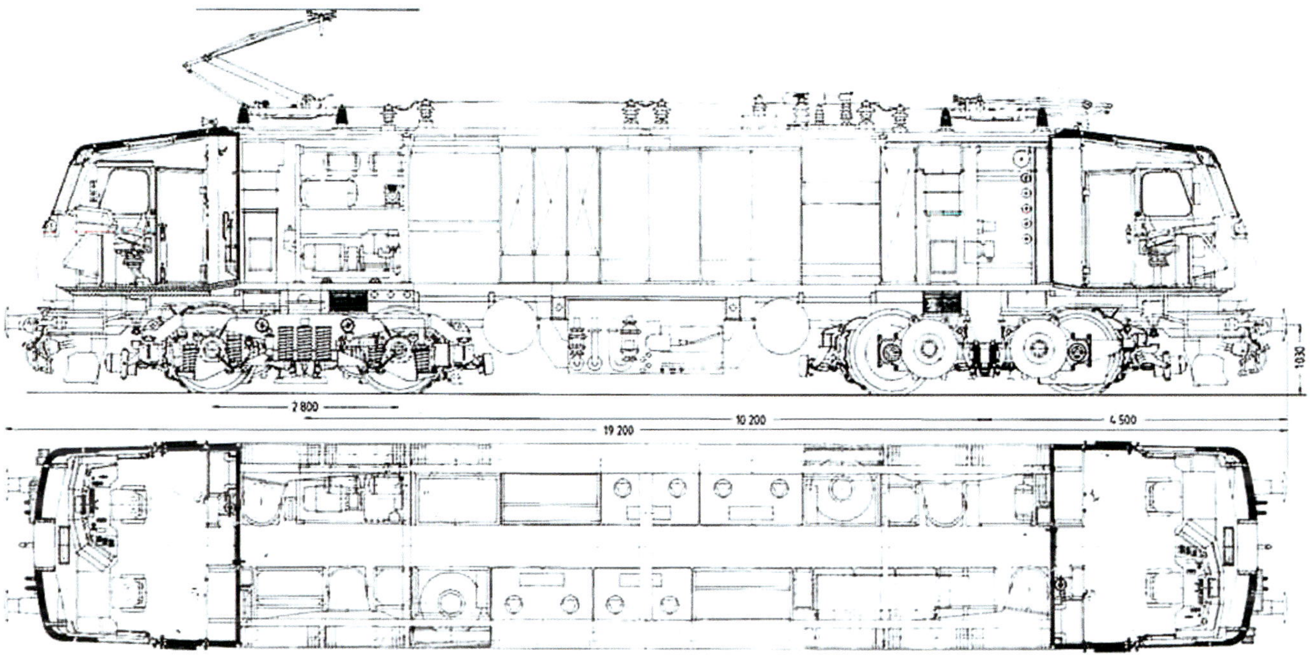

Der schematische Aufbau der Prototypen im Bild. Der mittig unterflur angebrachte Trafo ist deutlich zu erkennen, ebenso die kompakten Fahrmotoren. Der Gang im Maschinenraum weist durchgängig eine Breite von 60 Zentimetern auf.

Zeichnung: Archiv transpress

Eckdaten Baureihe 120⁰	
Loknummern	**120 001 bis 005**
Stückzahl	5
Baujahr	1979
Lichtraumprofil	Schweizer Normalspurbahnen
Radsatzfolge	Bo'Bo'
Länge über Puffer	19.200 mm
Dienstmasse	84 t
Radsatzfahrmasse	21 t
Drehzapfenabstand	10.200 mm
Radsatzabstand im Drehgestell	2.800 mm
Treibraddurchmesser neu/ Minimum	1.250 / 1.170 mm

Höchstgeschwindigkeit	160/200[1] km/h
Nennleistung	5.600 kW
Dremsleistung Netzbremse	3.300 kW
Anfahrzugkraft (10 min)	340 kN
Getriebeübersetzung	106:22
Stromsystem	Bahnstrom D-A-CH-N-S – 15 kV / 16 ⅔ Hz
Trafohersteller / Nennleistung	BBC Mannheim / 5.225 kVA (bei 25° C)
Fahrmotoren	4 Drehstrom-Asynchron à 1.400 kW
Stromabnehmer	Siemens SBS 80 AL
[1] = Tempo 200 zunächst nur mit 120 005	

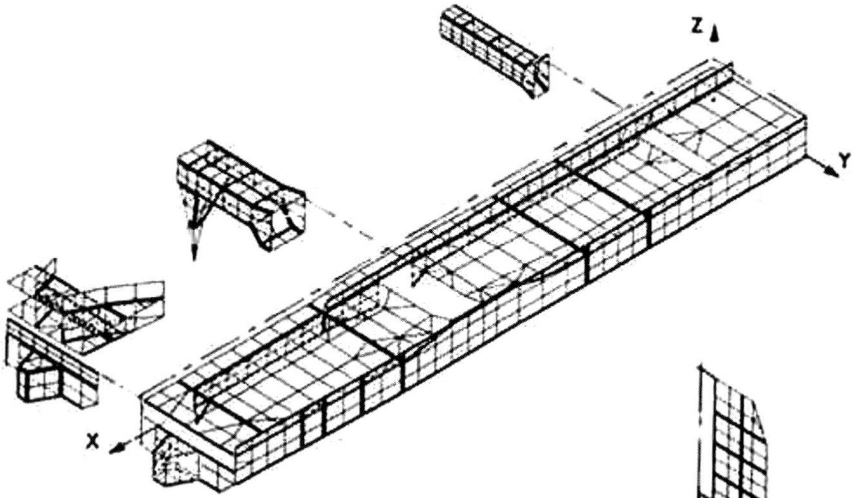

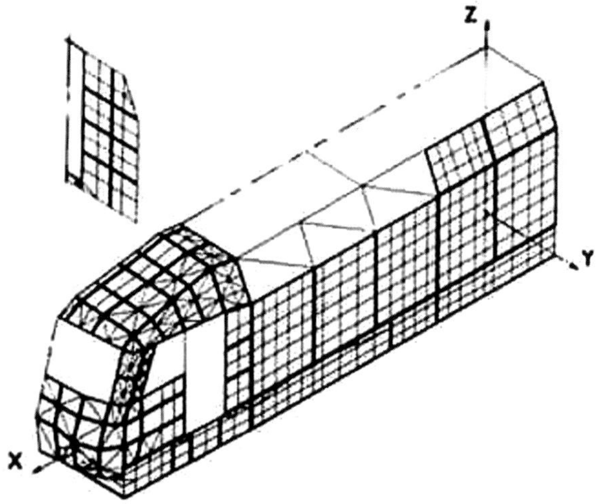

Zeichnungen der finiten Strukturen des Untergestells (oben) und der Aufbauten

Abbildungen: Krauss Maffei /Archiv transpress

Der Mittellangträger reicht von den Kopfträgern bis zu den Trafoträgern; er ist aus Vierkantrohren mit 3,2 mm Stärke und aus Abkantblechen für die Stege gefertigt. Rund 30 Prozent der auf die Puffer wirkenden Kräfte leitet er in Drehzapfenträger und Bodenblech ein. Die Lücke zwischen den Trafoträgern schließt ein kurzes Höckerblech. Das ist ein tiefgezogenes Blech mit kegelstumpfformigen Vertiefungen. Ähnlichkeiten mit einem Eierkarton drängen sich auf – auch der ist trotz seines geringen Gewichts in der Lage, hohe Kräfte aufzunehmen. Mehr dazu gleich.

Die Enden der Kopfträger sitzen zusätzlich auf den Enden der äußeren Langträger und leiten die durch die Puffer übertragenen Bewegungen in die Drehgestelle der Lok. Die 2 mm starken Trapezwellbleche unter den Führerständen unterstützen diese Kraftweitergabe.

Auf dem Weg des mittlerem Langträgers von den Kopf- zu den Trafoträgern liegen die Drehzapfen. Deren »Laternen«, also die Konus-Verlängerungen der Zapfen, leiten die auf die Drehzapfenquerträger wirkenden Kräfte auf den Mittellangträger – so konnte man die Drehzapfenquerträger mit weniger Material, also leichter, konzipieren.

Die Pufferträger wurden so ausgelegt, dass sie möglichst viel Aufprallenergie aufnehmen und so viel Platz zwischen ihnen und Kopfträger ist, dass sie, wenn die Puffer die auf sie wirkenden Kräfte nicht mehr vernichten können, abknicken, ohne den Kopfträger und Rahmen zu beschädigen. Diese sogenannten Verschleißpufferbohlen kamen mit der DB-Baureihe 111 auf. Auf den Längsträgern ruhen die Bodenbleche und auf diesen Querträger, die die elektrische und restliche mechanische Ausrüstung aufnehmen.

Das von Krupp entwickelte Höckerblech kam nicht nur im Rahmengestell der Baureihe 120 zum Einsatz – es bildete auch die neuartige Basis des Lokkastens, genau: der Seitenwände. Während der zum Vergleich herangezogene Eierkarton aus einer Schicht Material besteht, sind es bei den Höckerblechen zwei. Das innere Blech

Der Maschinenraum der BR-120 im Rohbau. Deutlich sind die aus den neuartigen Höckerblechen bestehenden Seitenwände zu erkennen.
Foto: Werkfoto Krauss-Maffei / Archiv transpress

Das fertigmontierte Untergestell der BR-120 in Rückenlage.
Foto: Werkfoto Krauss-Maffei / Archiv transpress

hat unbearbeitet eine Dicke von 1,5 mm. Es erhält durch Tiefziehen die eierkartonähnliche Form. Auf diesem Blech bringt man per Widerstands-Punktschweißen ein flaches, 2 mm starkes Blech an. Der finale Verbund von Höcker- und flachem Blech hat eine Dicke von 28 mm und ist tragfähiger als für eine Lokomotive erforderlich. Um die von der DB verlangte Korrosionsbeständigkeit zu erreichen, wurden für die Prototypen die Innenseiten beider Bleche vor dem Verschweißen mit Zinkstaubfarbe beschichtet. In der Serienfertigung verwendete man stattdessen das von Valvoline hergestellte Konservierungsmittel Tectyl. Die Schichtbleche werden vollständig mit Tectyl befüllt, um wirklich jede Ecke zu erreichen, und dieses dann abgelassen. Aus dem selben Grund werden die Höckerbleche mit dem Untergestell und Längsholmen sowie Pfosten luft- und feuchtigkeitsdicht verschweißt. Für größere Wartungen und Reparaturen unpraktische Nebenwirkung: Der Lokkasten lässt sich – anders als an vielen anderen Lokomotiven – nicht von den Längsträgern abnehmen.

Damit nicht genug: Auch die Dachschrägen mit den Lüftungsgittern sind mit den Seitenwänden verschweißt – die in der Lokomotive untergebrachte Technik kann man nur durch einen vergleichsweise schmalen Schlitz im Dach in den Lokkasten oder aus ihm hinausbefördern. Bei der 120 war diese Bauweise alternativlos, denn nur durch die Einheit von Seitenwänden und Dachschrägen ließ sich beim erlaubten Maximalgewicht die nötige Steifigkeit des Lokkastens verwirklichen – es handelt sich um tragende Teile. Einen Vorteil haben die in die Seitenwände integrierten Dachschrägen: Das eigentliche Dach besteht aus vier verhältnismäßig kleinen, leicht handhabbaren und einzubauenden Aluminiumplatten. Komplettiert wird der Dachaufbau durch drei Dachspriegel, die zwischen die schrägen Obergurte geschraubt sind.

In die Dachschrägen sind die Gitter der Maschinenlüftung eingesetzt. Auf der in Fahrtrichtung linken Seite führen die ersten beiden Luftschächte hinter den Gittern zu den Kühlern der Fahrmotoren; der dritte zum Ölkühler. Die drei hinteren Gitter führen wieder zu Lüftern für die Fahrmotoren. Die Gitterstreben dieser Lüfter sind in Längsrichtung, die der Ölkühler vertikal angeordnet. Da die Lok weitestgehend spiegelbildlich aufgebaut ist, findet sich auf der anderen Fahrzeugseite die identische Gitter- beziehungsweise Lüfteranordnung. Aus naheliegenden Gründen auf dem Dach finden sich zwei durch eine Dachleitung verbundene Stromabnehmer, der Hauptschalter und der Oberspannungswandler.

Batterien, Druckluftbehälter und der 11,2 t schwere Haupttransformator sollten bei der Baureihe 120 unterflur untergebracht werden – so gewährleistete er trotz der leichten Drehgestelle und Fahrmotoren einen möglichst tiefliegenden Schwerpunkt. Auch Sicherheitsaspekte und der verfügbare Platz im Maschinenraum mögen bei dieser Entscheidung eine Rolle gespielt haben. Gleichzeitig ergeben sich durch die Platzierung an der Fahrzeugunterseite neue Probleme. Wenn die Lok entgleist und dabei im Schotter des Gleisbettes landet, soll der Trafo dies ohne substantielle Schäden überstehen;

Anlässlich eines Bahnhoffestes war 120 003 am 14. Juni 1987 im Bahnbetriebswerk Köln 1 zu Gast. *Foto: M. Dohlen*

zudem sollen die magnetischen Streufelder des Transformators nicht im Gleis angebrachte Signaleinrichtungen wie etwa Achszähler stören – er darf also nicht zu dicht über den Schienen liegen. Deshalb musste seine Oberkante oberhalb der Pufferbohlen angebracht werden; vom Arbeitsplatz des Lokführers zum Maschinenraum gilt es folglich, eine Stufe zu überwinden. Dies stellt nicht nur eine Stolperfalle fürs Personal dar, sondern war auch konstruktiv knifflig, denn hier werden die Zug- und Druckkräfte ins Untergestell eingeleitet.

Kommen wir nun zum Gesicht jeder Lok, den Führerständen. Da sie bei einem Aufprall den Lokführer so gut wie möglich schützen sollen, bestehen sie aus zahlreichen Abkantprofilen mit aufgeschweißten, 1,5 mm starken Stahlblechen und einer Verstärkung unter den Stirnfenstern. Diese kann eine flächig verteilte Kraft von 300 kN ohne bleibende Verformung ableiten. Quellen zu Details des Führerstands finden sich nicht; auf Fotos sind aber vier Längs- und zwei Querstreben zu erkennen. Die Türen der Führerstände bestehen aus Aluminium – wie auch die Lüfterkanäle und die Bahnräumer der Lok.

Die Inneneinrichtung der Prototypen-Führerstände orientierte sich auf Wunsch des BZA an der Baureihe 111, die man gemeinsam mit Krauss-Maffei entwickelt hatte und die später DB-Einheitsführerstand hieß. Er war nach ergonomischen Erkenntnissen gestaltet und kam auch bei anderen Neubau-Lokomotiven und Steuerwagen zum Einsatz. Das Lokpersonal sollte alle Anzeigen im Blick be-

120 004 fährt am 16. September 1985 in den Nürnberger Hauptbahnhof ein. *Foto: M. Dohlen*

halten können, weshalb diese im oberen Teil des Bedientischs recht steil montiert wurden. Die Bedienelemente finden sich im unteren, flachen Teil des Polyesterharz-Tischs. In Details weicht die Anordnung von Bedienelementen und Einrichtung des Führerraums von der Baureihe 111 ab: Das Zugfunkgerät rückte etwas näher zum Personal, um es bequemer bedienen zu können; der Sitz für einen Beifahrer wurde in Richtung Führerstandsmitte verschoben, damit der Lokführer bei Bedarf ungehindert das linke Seitenfenster erreichen konnte.

Für die Baureihe 120 wurde eine neue Klimatisierung entwickelt, die später für die Führerstände anderer Loks übernommen wurde. Dieses kombinierte Heiz-/Kältegerät von BBC und Behr war 50 kg leichter als bisherige Modelle. Dank eines Umrichters, der den einphasigen 200-V-Bahnstrom mit 16 ⅔ Hz aus dem Haupttransformator auf 220 V/60 Hz wandelte, war der Einsatz handelsüblicher Kältemittel-Kompressoren möglich. Im Winter sorgt eine Heizung mit 5 kW Leistung dafür, dass das Personal nicht friert.

Trotz des gegenüber der Baureihe 111 leichteren Lokkastenaufbaus sollte es am Arbeitsplatz der 120er-Lokführer nicht lauter sein als in der 111. Dies war auch deshalb eine Herausforderung, weil die 120 schon für eine Höchstgeschwindigkeit von 200 km/h konzipiert war – je schneller ein Zug fährt, desto mehr fallen Wind-, Fahrwerks- und Maschinengeräusche ins Gewicht. Bei der Überprüfung der Konstruktion stellte sich heraus, dass

Zum 150. Geburtstag der Eisenbahn in Deutschland im Jahr 1985 trug auch 120 003 das offizielle Jubiläumsemblem (Nürnberg Hbf, 10. Februar 1985). *Foto: G. Pettinger*

Am 7. Februar 1985 wartet 120 005 im Nürnberger Hauptbahnhof mit einem Intercity auf die Abfahrt. *Foto: G. Pettinger*

Optimierungen an der Isolierung des Führerstands mit Blick auf den Lärm am Arbeitsplatz kaum möglich sind. Während der Probefahrten entpuppten sich aber die ursprünglich angebauten Haltegriffe an den Türen als Radaubrüder. Sie waren, wie an Vorgängerloks üblich, aus rundem Material. Da die glatte Front der 120 den Fahrtwind ohne Unterdruckzonen auf die Fahrzeugseiten und damit auf die Haltegriffe leitete, pfiff es tüchtig. Eine flacherere Version der Haltegriffe schaffte Ruhe – schlussendlich blieb der Lärmpegel im Führerstand bei 77 db (A).
Anders als später die Serienexemplare waren die Führerstände der fünf Prototypen noch nicht druckdicht, also noch nicht für die tunnelreichen Neubaustrecken gerüstet.

6.5.1.1 *Form und Farbe*

Das BZA wollte für sein neues Zugpferd ein möglichst dynamisches Erscheinungsbild. In Anlehnung an Design und Farbgebung der E 103 und der Trans-Europ-Express-Züge dachte man an einen Lokkasten für ein zweifarbiges Farbschema. An den Prototypen wurden dies – wie an den TEEs – Beige (RAL 1001) für den mittleren (und größten) Teil des Lokkastens, für Dach und Rahmen Purpurrot (RAL 3004) und fürs Fahrgestell Graubraun (RAL 8019). Die Loks 120 001 bis 004 sind äußerlich identisch, Lok 005 erhielt mit Blick auf Tempo 200 einen etwas gerundeteren Kopf. Da diese Variation experimentellen Charakter hatte, änderte man am eigentlichen Lokomotivkopf nichts, sondern spachtelte passende geformte Kunststoffteile an. Unveränderbar rutschte die »Taille«, also der Knick in der Front, zehn Zentimeter tiefer im Stahlblech. Abdeckbleche zwischen Pufferbohlen und Lokfront sowie verkleinerte Frontseitenverkleidungen verbesserten den Luftwiderstandsbeiwert. Sonderlich wirksam war die Kosmetik allerdings nicht: Bei Messfahrten mit drei Intercity-Personenwagen an den Haken entpuppte sich die »alte« Baureihe 103 bei Tempo 200 als windschnittiger als die Baureihe 120. Auch der aerodynamische Unterschied der 120 005 im Vergleich zu 001 bis 004 war mess-, aber vernachlässigbar. So entfernte man die Verkleidungen nach wenigen Monaten wieder; nur an der tieferen Taille konnten danach Kenner die 005 von ihren Schwestern noch unterscheiden. Auch die Kosten dürften eine Rolle beim Entschluss gegen runde Formen gespielt haben – sie sind wesentlich aufwendiger und teurer zu fertigen als glatte Flächen.

In der Frühphase der Designplanung war auch der umstrittene, 2019 verstorbene deutsche Designer Luigi Colani eingebunden. Zeitzeugen berichten, die Gespräche endeten peinlich für ihn – er kam nicht zum Zuge. Als die Prototypen der Öffentlichkeit präsentiert wurden, schaltete er in der Zeitschrift »Form« eine ganzseitige Anzeige, in der er zum Äußeren der Baureihe 120 giftete: »Dynamisch ist an dieser Bundesbahnlok nur die Rentenanpassung der Designer vom Bundesbahn-Designcenter in München«. Derselbe Colani entwarf allerdings auch Lkw-Zugmaschinen ohne Schlafkabine für die Fahrer oder Fernsehergehäuse, die mit existierenden Werkzeugen nicht sauber zu fertigen waren.

Im Intercityverkehr war auch 120 004 eingesetzt, als diese Aufnahme am 1. Februar 1986 im Bahnhof der Frankenmetropole gelang. *Foto: G. Pettinger*

Hauptstromschaltbild

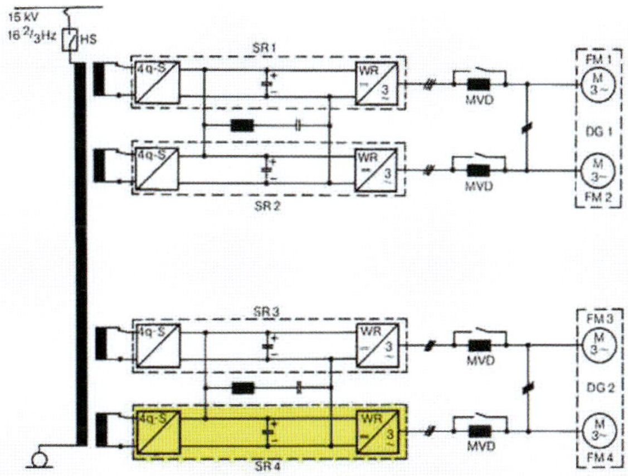

HS	Hauptschalter
SR	Stromrichter
4q-S	Vierquadrantensteller (Einspeisestromrichter)
WR	Wechselrichter
MVD	Motorvordrossel
FM	Fahrmotor
DG	Drehgestell

Traktionsstromrichter	13 SG 01 a
Eingangsspannung	1513 V
Eingangsfrequenz	16⅔ Hz
Zwischenkreisspannung	2800 V
Ausgangsspannung (verkettet)	0…2200 V
Ausgangsstrom	0… 600 A
Ausgangsfrequenz	0… 200 Hz
Gewicht	1950 kg

Baueinheit Traktionsstromrichter

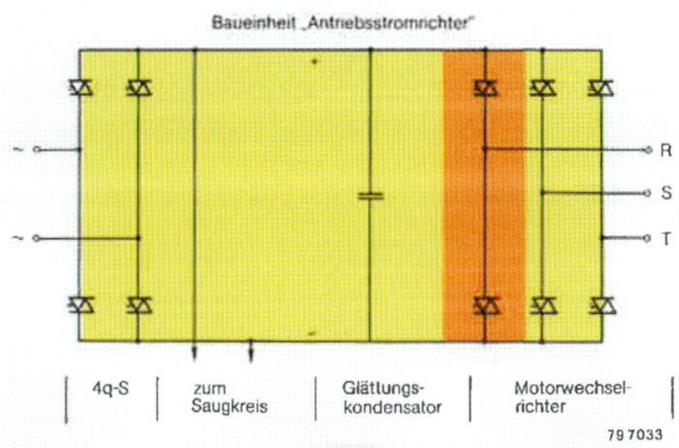

Baueinheit Phasenbaustein

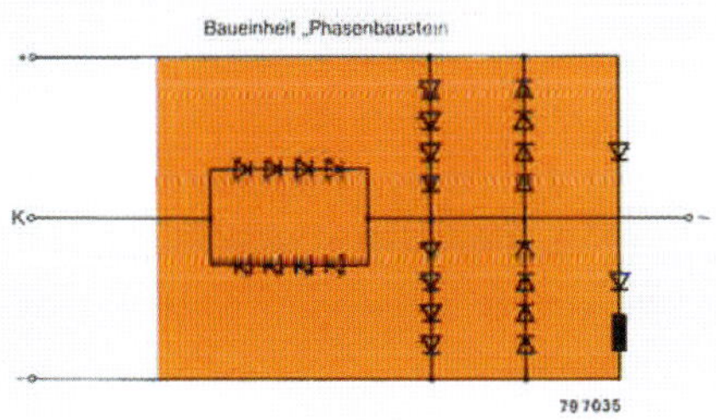

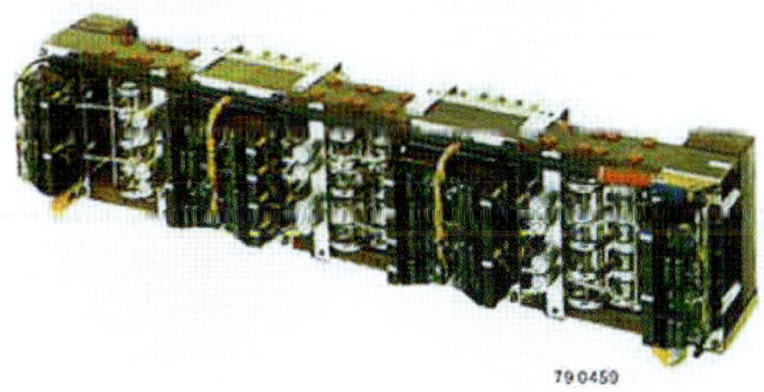

Schematische Darstellung der Stromkreise der BR 120 (oben) sowie des Traktionsstromrichters (Mitte links) und des Phasenbausteins (links unten). Rechts die tatsächlichen Baugruppen. *Abbildung: BBC / Archiv transpress*

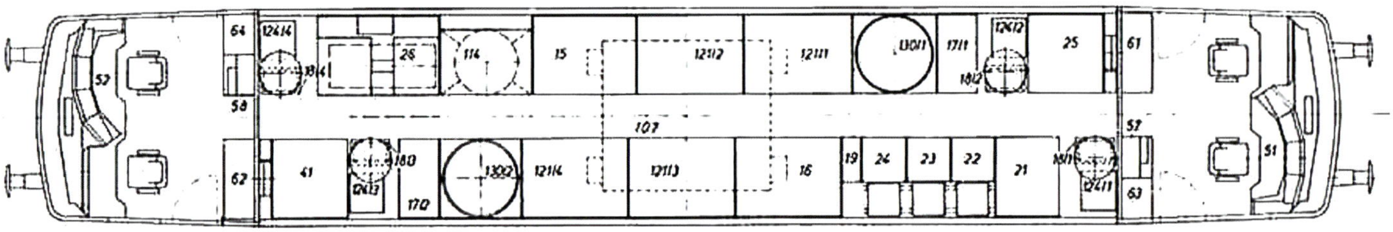

Geräteanordnung in der Lokomotive. *Zeichnung: Archiv transpress*

6.5.2 Der Maschinenraum

Die Stufe vom Lokführer-Arbeitsplatz führt in den Maschinenraum. Der hat einen 60 cm breiten Durchgang, was damals neu war und die Arbeit von Fahr- wie Wartungspersonal sehr erleichtert. Unter dem abnehmbaren Bodenblech des Durchgangs sind Kabel-/Rohrkanäle vorgesehen, die große Teile der Leitungsverbindungen beherbergen. Da die entlang des Durchgangs vor den Noppenblechwänden platzierte Technik 15 cm über dem Maschinenraumboden sitzt, lassen sich Drähte und Rohre leicht aus dem Kabelschacht in die Schaltschränke führen.

Die Technik der Baureihe 120 ist größtenteils symmetrisch angeordnet – in Schweden kam für diesen Aufbau der Begriff »Möbelbauweise« auf. Auf der rechten Seite findet sich in Fahrtrichtung vorn der Fahrmotorlüfter (18/1, s.o.), drei Umrichter für die Hilfsbetriebe (22,23,24), das 15-kV-Kabel vom Dach-Hauptschalter zum Unterflur-Trafo, der auch die Saugkreiskondensatoren enthaltende Hauptstrom-Schaltgeräteschrank (16), zwei der Traktionsstromrichter (121/3, 121/4) der Ölkühler (130/2), der Fahrmotorlüfter (18/3) und ein Steuerstrom-Geräteschrank (130/2).

Links vom Durchgang findet sich hinter dem Führerstand 1 die Bremsgerätetafel (25), gefolgt vom Fahrmotorlüfter (18/2), dem zweiten Ölkühler (130/1), wieder zwei Traktionsstromrichter (121/1, 121/2) und dem Hauptstrom-Schaltgeräteschrank (15), der später ausgebaute Bremswiderstand (zwischen 15 und 26), das Druckluftgerüst (26) und der vierte Fahrmotorlüfter (18/4). Die technische Ausrüstung ist in Gestellen vormontiert, die sich als Einheit durch die schmale Dachluke einsetzen und für Wartung und Reparaturen herausheben lassen.

Ein Drehgestell vor dem Einbau.
Foto: Werkfoto Krauss-Maffei / Archiv transpress

6.5.3 Die Drehgestelle

Am Versuchsträger DE 2500 (Kapitel 5.2.) hatte man auf Drehzapfen verzichtet und die Drehgestelle mit Zug- und Druckstangen mit dem Lokkasten verbunden. Henschel als Verfechter dieses Prinzips plädierte auch bei der Baureihe 120 für diese Bauweise – dem Vernehmen nach gab es unter den beteiligten Firmen sowie dem BZA regelrechte Glaubenskriege. Letztlich entschied sich das BZA für eine bewährte Konstruktion, also Drehzapfen. Da der Mechanteil des ersten Prototypen bei Krauss-Maffei montiert wurde und diese Firma bereits die Drehgestelle für die Baureihe 111 (Kapitel 4.6.) entwickelt und ge-

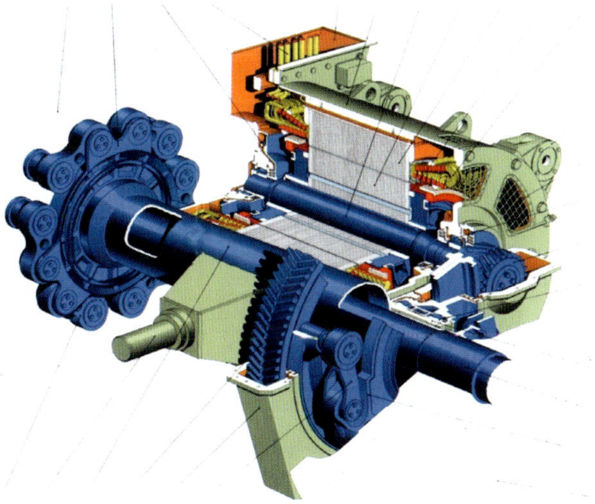

Der in der BR 120 verwendete BBC-Hohlwellen-Gummigelenk-Kardanantrieb überträgt die Motorkraft auf die Räder. *Grafik: DB*

liefert hatte, wurden sie Basis der Drehgestelle für die Baureihe 120. Auch für sie war allerdings Leichtbau gefordert. Ihre Rahmen wurden aus zwei Langträgern, einem mittleren Querträger und zwei Kopfträgern geschweißt. Mit Gurten von einer Dicke von 8 mm und Stegen mit nur 5 mm Dicke waren sie aufs Nötigste reduziert; insgesamt sparte die Stahlblech-Neukonstruktion gegenüber älteren Varianten rund 30 Prozent an Gewicht. Die Vollscheibenräder (»Monobloc«) wurden von Krupp neu entwickelt – trotz des DB-Standarddurchmessers von 1,25 m wogen sie je 95 kg weniger als die Vorgänger. Auch deren Lagergehäuse speckten dank Einsatz von Leichtmetalllegierung je 67 kg ab. Statt der bislang üblichen Bremsgestänge kamen je Rad zwei simple Einzel-Druckluftbremszylinder zum Einsatz, jeweils zwei Zylinder der Radsätze 1 und 4 (also die jeweils am Fahrzeugende liegenden) fungierten dank integrierter Federspeicher als Feststellbremse. Diese Bremse wurde von Krauss-Maffei zusammen mit dem BZA und Knorr-Bremse konzipiert. Im Kapitel 6.5.4 gehen wir detailliert auf die Bremsanlage ein.

Nach der erfolgreichen Erprobung auf dem BBC-Prüfstand und den Versuchsfahrten des »Kanarie« in den Niederlanden war klar, dass BBC beim Motor zum Zuge kommen würde. Pro Drehgestell setzten je zwei Motoren des Typs BQg 4843 Lok und Anhängelast in Bewegung. Für die Prototypen stellte man insgesamt 21 Motoren her, die sich geringfügig vom Versuchsmuster QD 646 vom Großversuch unterschieden. Konstruiert wurden sie bei BBC in Mannheim von der Abteilung »Mittelmaschinenbau«, gebaut im BBC-Werk Großauheim (nahe Hanau).

Im Kasten »Lüftung« auf Seite 85 wird die Kühlluftführung der Fahrmotoren via Faltenbälge geschildert. Diese führen auf die Nichtantriebsseiten der Drehstrom-Asynchronmotoren, die Abwärme entweicht neben den pfeilverzahnten Getrieben. Deren Gehäuse sind geteilt und mit den Motoren fest verschraubt. Motor und -Getriebekombi bilden eine Einheit, welche an drei Punkten elastisch im Drehgestellrahmen hängt. Der BBC-Hohlwellen-Gummigelenk-Kardanantrieb überträgt die Kraft vom Getriebe über eine die die Radsatzwelle umschließende Hohlwelle auf ein Rad direkt; das zweite Rad erhält indirekt über die Radsatzwelle Antrieb. Jeder BQg-4843-Motor wiegt 2380 kg; insgesamt schaffte man es, die Antriebsmassen je Drehgestell auf 7 t zu reduzieren – bei der Baureihe 111 waren es noch 11 t – bei deutlich geringerer Dauerleistung von 3850 kW. Die unabgefederten Antriebsmassen pro Radsatz wurden mehr als halbiert. Bei der BR 120 sind es je 2,6 t, bei der BR 111 5,6 t. Die althergebrachten Wechselstrom-Kommutatormotoren der 111 bringen 3500 kg auf die Waage, leisten aber nur etwa zwei Drittel.

Anders als bei der primär im Nahverkehr eingesetzten DB-Baureihe 111 hatte man bei der Baureihe 120 früh eine Reisegeschwindigkeit von 200 km/h anvisiert – nicht nur Fahrmotoren und Bordtechnik, sondern auch die Drehgestelle mussten mit dieser Geschwindigkeit zuverlässig arbeiten. Als Federung wählte man Schraubenfedern und eine Lemniskatenlenkerkonstruktion – der merkwürdig anmutende Begriff leitet sich vom griechischen lēmnískos (»Schleife«) ab. Konkret meint man eine liegende Acht.

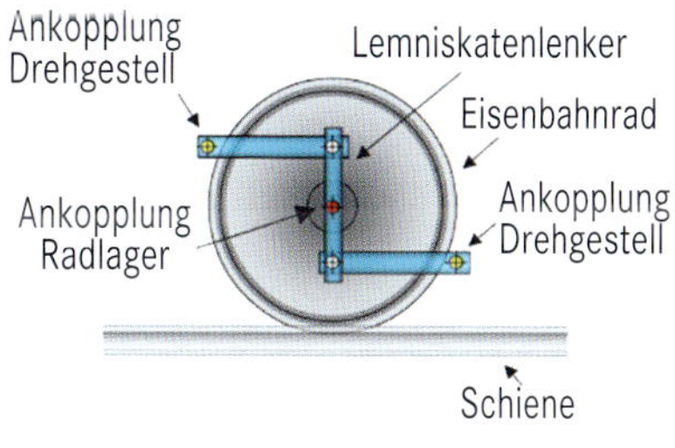

Schematischer Aufbau des Lemniskatenlenkers.. Zeichnung: Wikimedia Commons - Schorschi2 (CC BY-SA 3.0 DE)

Blick auf die Bremsgerätetafel im Maschinenraum. Funktionsgleiche Teile, etwa Absperrhähne oder Druckwächter, sind zusammengefasst angeordnet; die Bezeichnungsschilder unmittelbar unter den Bauteilen befestigt, was Verwechslungen ausschliessen soll. Die Rohre auf der Rückseite sind aus Kupfer; durch Fittings verbunden und hart verlötet. *Foto: Werkfoto BBC / Archiv transpress*

Das Gerätegerüst 15 (s. S. 82). Im vorderen Teil unten sitzt die Schutzeinrlchtung, darüber der Fahr-Brems-Umschalter und die beiden Wandler, oben die Saugkreiskondensatoren. *Foto: Werkfoto BBC / Archiv transpress*

Diese von Henschel erstmals bei der Baureihe 103 eingeführte Konstruktion führt die Radsätze gleichzeitig spurtreu und dennoch elastisch. Zusätzlich hält ein vertikaler Schwingungsdämpfer die Radsätze im Zaum. Drei Flexicoil-Federn auf jeder Seite der Drehgestelle tragen den Lokkasten, unterstützt von Quer- und Vertikaldämpfern. Je ein horizontal längs eingebauter Drehdämpfer pro Drehgestellseite sorgt für ruhige Fahrt.

An den später von der 120 abgeleiteten Triebköpfen der ICE 1 und 2 installierte man jeweils Dämpferpaare, um beim Versagen eines Dämpfers dennoch sicher bei hohen Geschwindigkeiten fahren zu können. An der Baureihe 120 verzichtete man auf diese Sicherheitsreserve – das Lokpersonal musste auf Ölverlust an den Dämpfern und die Laufeigenschaften während der Fahrt achten.

6.5.4 *Stillgestanden!*

Die durch die Drehstromtechnik ermöglichte elektrische Nutzbremse sowie die Druckluftbremszylinder im Drehgestell wurden bereits angesprochen. Diese pressen die Bremsklötze gegen die Radreifen. Aus normaler Fahrt wird elektrisch gebremst; die verschleißträchtigen mechanischen Bremsen bleiben also untätig. Für Notbremsungen und falls die elektrische Bremse ausfällt braucht man aber eine unabhängige Reserve. Zudem waren noch lange nach der 120er-Erprobungsphase nicht alle DB-Personenwagen ihrerseits mit verschleißfreien Magnetschienenbremsen ausgestattet – bei den meisten Güterwagen ist dies selbst im Jahr 2022 nicht der Fall. Für diese Anhängelasten benötigt eine Lok also in jedem Fall eine Druckluftquelle.

Das Kühlkonzept der 120-Prototypen

Der Drehstrom-Asynchronmotor hat, wie wir bereits im Kapitel 2 erfuhren, einen Wirkungsgrad von 95 Prozent. Aber eine Lok besteht nicht nur aus Motoren, insgesamt setzt sie rund 80 Prozent des zugeführten Stroms in Bewegungsenergie um. Der Rest fällt als Wärme an, die abgeleitet werden muss. Bei der Baureihe 120 beträgt die Verlustleistung 1,1 Megawatt (MW), was in etwa der Leistung der von der Reichsbahn 1939 erstmals beschafften Einheits-Dampflok der Baureihe 50 entspricht.

Die Kühlung der Baureihe 120 ist so ausgelegt, dass sich bei einer Außentemperatur von 30 Grad der Maschinenraum auf höchstens 50 Grad erwärmt. Die Kühler erwähnten wir bereits kurz bei den Dachschrägen und der Maschinenraumausstattung. Die Lüftungsgittergestaltung entspringt nicht Willkür oder Designwünschen, sondern praktischen Erfordernissen: So halten sie Schnee so weit wie möglich aus den Luftkanälen. Wer die Beschreibung der Maschinenraumtechnik genau studiert erkennt, dass die Motorlüfter jeweils senkrecht über den Fahrmotoren stehen. Sie kühlen die Aggregate durch über den Drehgestellen angebrachte Faltenbalge. Über sie bläst jeder der vier Axiallüfter 1,7 Kubikmeter pro Sekunde (m^3/sec). Die Gestelle der Fahrmotor-Lüfter sind als Verteilerkanäle ausgebildet und kühlen auch die Fahrmotordrossel mit 0,35 m^3/sec. Im Maschinenraum ist ein leichter Überdruck gewünscht, wofür die Lüfter 0,45 m^3/sec liefern. Damit die Luft dort ständig ausgetauscht wird, wird sie über Nebenleitungen in den Luftkanälen der Ölkühler abgesaugt. Die Gebläse der Motoren 1 und 4 kühlen zusätzlich die Stromversorgung der Elektronik und die Gerätegerüste.

Wegen der Gewichts-Obergrenze muss zusätzlich zum Transformator auch die Leistungselektronik der Baureihe 120 mit Öl gekühlt werden. Das Öl beider Baugruppen seinerseits wird über einen gemeinsamen Kühlturm temperiert, in dem ein Luftstrom von 10 m^3/sec von oben nach unten bläst. Im oberen Teil des Turms sitzen die Kühler für die wärmeempfindlicheren Stromrichter, darunter die für den Transformator.

Alle genannten Kühlsysteme saugen die Luft über die Gitter in den Dachschrägen an und blasen sie an der Unterseite der Lok aus. Für den ursprünglich vorgesehenen Bremswiderstand sollte die Luft an der Lokomotivunterseite angesaugt und übers Dach ausgeblasen werden. Grund: Hätte man die Luft nach unten geführt, wäre dies für Fahrgäste auf dem Bahnsteig unangenehm heiß geworden.

Die Lüftermotoren zählen zu den Hilfsbetrieben, die mit Drehstrom einer Spannung von 0 bis 440 V bei einer Frequenz von 0 bis 60 Hz kühlbedarfsabhängig betrieben und gesteuert werden – wie im S-Bahn-Triebzug der Baureihe 420 (siehe Kapitel 4.5). Während man sich bei diesem Zug für BBC als Lieferant der Hilfsbetriebeumrichter (HBU) entschieden hatte, lieferte für die Baureihe 120 AEG die HBUs, was zu zahlreichen Ausfällen und Nacharbeiten führte. Mehr zu diesem Thema Kapitel 9.

Elektrische und Druckluftbremse der 120 bedient das Lokpersonal über einen gemeinsamen, elektrischen Bremssteller. Der bremst aus den genannten Gründen zunächst elektrisch, versetzt die Druckluftbremsen aber in Bereitschaft (»vorsteuern«). Bei Geschwindigkeiten unter 10 km/h geht die Lok gleitend von der elektrischen auf die Druckluftbremse, um einen ruckartigen Halt zu verhindern; bei einer Notbremsung greifen alle Bremsen.

Kurz müssen wir nochmals auf die als Handbremse (»Feststellbremse«) wirkenden vier Bremszylinder in den Drehgestellen eingehen. Bei ihnen handelt es sich um Federspeicher. Im Ruhezustand betätigt die Feder die Bremse, das Fahrzeug steht also. Bei der Baureihe 120 wird die Stellung der Bremse auf dem Führertisch angezeigt – ist sie arretiert, kann der Lokführer keine Leistung auf die Fahrmotoren geben. Gelöst wird die Bremse an dieser Lok ebenfalls per Druckluft. Fällt sie aus, zieht die Bremse automatisch an, was die Sicherheit bei einer Havarie ebenfalls erhöht. Außerdem ist dieser an einer Lokomotive erstmals bei der Baureihe 120 eingesetzte Feststellbremsentyp sehr wartungsarm und bedienerfreundlich.

In jedem Führerstand gibt es für die Federbremsen ein Schaltventil, das drei Stellungen kennt. Im Betrieb ruht es in Mittelstellung; mit »Anlegen« zieht die Bremse an, mit »Lösen« tut sie ebendieses.

Die Tatsache, dass die Handbremsen automatisch anziehen, wenn die Druckluftversorgung ausfällt, ist unter Sicherheitsaspekten natürlich ein Muss – aber wäre fürs Lok- oder Rangierpersonal ein echtes Problem, wenn die Lok auf freier Strecke liegenbliebe und wegen der festen Bremszylinder nicht mehr vom Fleck zu bekommen wäre. Natürlich dachten die Entwickler auch an diesen Fall und planten dafür einen 25 Liter fassenden Druckluft-Notbehälter ein. Geht der Lok buchstäblich auch diese Puste aus, ist Handarbeit gefragt: Die Federspeicher lassen sich auch per Vierkantschlüssel lösen. 40 bis 50 Umdrehungen sind nötig, bis die Lok wieder rollt. Kann die 120 nach erfolgreichen Bw-Besuch wieder Luftdruck aufbauen, gehen die Federspeicher von selbst wieder in die Normalstellung.

Auch bei der Einführung der Federspeicherbremse ging die DB auf Nummer Sicher: Sie schrieb ins Pflichtenheft, dass die 120er auch mit althergebrachten Feststellbremsen ausgerüstet werden können sollten, falls die neue Bremstechnik nicht wie erhofft funktionierte. Eine überflüssige Maßnahme: Heute sind diese Bremsen Standard an Schienenfahrzeugen, während der Erprobungsphase der Prototypen gab es nur einen Zwischenfall: Eine Federspeicherbremse hatte sich – unbemerkt vom Lokführer – nicht vollständig gelöst. Schuld waren eine Undichtigkeit im Verein mit der Tatsache, dass die erste Version der Federspeicherbremse bei einer bestimmten Stellung nicht vollständig entlüftet wurde. Folge: Die Bremse lief heiß, Funken flogen. Sie entzündeten von der Spurkranzschmierung stammendes Fett, was sich unterhalb eines Aluminium-Spritzschutzes gesammelt hatte – der brannte ab. Als Konsequenz aus diesem letztlich glimpflich verlaufenen Vorfall wurden die Bleche verbreitert und wieder aus Stahl gefertigt; die Bremszylinder wurden so modifiziert, dass sie immer korrekt entlüften.

Alle mit Druckluft betriebenen Bremsen werden vom Druckluftgerüst (Kapitel 6.5.2.) aus zwei, neben dem Haupttransformator ebenfalls unterflur angebrachten, Druckluftbehältern mit je 800 l Volumen versorgt. Das Druckluftgerüst trägt zwar auch in älteren Lokomotivbaureihen diesen Namen, alle Bedien- und Kontrollfunktionen wanderten aber in ein neues Element: die Bremsgerätetafel.

Diese hat folgende Vorteile: Für den Lokführer und das Wartungspersonal fasst sie alle relevanten Bremsfunktionen an einer Stelle zusammen, was die Übersicht steigert. Zudem werden Reparaturen leichter: Wurden bislang alle zu den Druckluftgerüsten führenden Luftleitungen verschraubt, transportieren jetzt hartverlötete Kupferrohre die Luft von den Komponenten der Bremsgerätetafel auf die weiterführenden Rohre, welche ausschließlich über axial gedrückte O-Ringe mit den Kupferrohren verbunden sind. Müssen Komponenten der Bremsgerätetafel ersetzt werden, muss zumindest an den Rohrverbindungen niemand mehr schrauben.

Diese Art der Verbindung beschleunigt nicht nur Reparaturen erheblich – sie hat noch weitere Vorteile: Bis zur Einführung der Bremsgerätetafel musste man die Bauteile der Druckluftanlage stabiler auslegen, als es ihrer eigentlichen Aufgabe entsprach. Denn bei einem Austausch konnte es immer passieren, dass sie leicht verkantet oder beim Anziehen der Rohrverbindungen belastet wurden. Die dafür nötige Sicherheitsreserve konnte man jetzt sparen und das leichtere Aluminium als Werkstoff nutzen. Ein nur vorübergehender Nachteil der Gerätetafel: Die Druckluftkomponenten älterer Reihen passten nicht, viele Bauteile mussten neu entwickelt werden.

Die Baureihe 120 war die letzte bei der DB, die für die Druckluftbremse Bremsklötze nutzte. Den Monobloc-Rädern bekommt die sich beim Bremsen per Klotz entwickelnde Hitze nicht gut, weshalb danach nur noch Scheibenbremsen verwendet wurden. Deren Einbau ist aber beim Hohlwellen-Gummigelenk-Kardanantrieb problematisch, weil wegen der Gelenkhebel kaum Einbauraum an der Radscheibe vorhanden ist. Beim späteren ICE 1-Triebkopf (BR 401) etwa wurden die für vmax = 280 km/h unverzichtbaren Bremsscheiben auf eine zusätzliche, im Drehgestellrahmen gelagerte Bremshohlwelle gesetzt, die die Antriebshohlwelle umschloss – eine extrem aufwendige Lösung.

Die Druckluftanlage versorgt – nicht nur auf den Fahrzeugen der Baureihe 120 – neben den Bremsen auch die Sandstreuer, die Makrofon genannte Hupe, die Spurkranzschmierung, die Stromabnehmer, den pneumatischen Radsatzlastausgleich, die Sicherheitsfahrschaltung (SiFa) und kurioserweise auch die Scheibenwischer. Warum man sich damals gegen Elektromotoren entschied, ist leider nicht überliefert.

Bremswiderstände – rein in die Kartoffeln, raus aus den Kartoffeln

Ursprünglich waren für die Baureihe 120 Bremswiderstände vorgesehen – die Loks sollten eine netzunabhängige elektrische Bremse zur Verfügung haben, um bei einem Ausfall der Netzspannung (und damit der Netzbremse) nicht nur die Druckluftbremse zur Verfügung zu haben. Am Eingang jedes Vierquadrant-Netzstromrichters konnte über Schalter ein Bremswiderstand von 700 kW Dauer- und 1200 kW Maximalleistung anstelle der Transformator-Sekundärwicklung geschaltet werden; der Vierquadrantsteller regelte dann über die erzeugte Wechselspannung die von den Motoren über die Wechselrichter gelieferte Bremsleistung. Die Inbetriebnahme dieser netzunabhängigen Bremse war aber erst nach Inbetriebnahme der restlichen Lokomotive vorgesehen.

Zwischenzeitlich hatte die DB aber festgestellt, dass die Wahrscheinlichkeit eines Netzspannungsausfalls im durchverbundenen DB-Fahrleitungsnetz deutlich niedriger als die Ausfallrate der Bremsgruppierschütze war. Deshalb wurden, als die Notwendigkeit für ein ursprünglich nicht vorgesehenes Netzfilter (siehe auch Kapitel 9.4) aufkam, die nie in Betrieb gekommenen Bremswiderstände ausgebaut und das Netzfilter an deren Stelle eingebaut.

7. Die elektrische Ausrüstung im Detail

Mit der Baureihe 120 beschritten Industrie und DB nicht nur beim Mechanteil neue Wege. Auch die Elektrik und Elektronik unterschied sich in revolutionärer Weise von Vorgängerserien – nicht nur solchen aus deutscher Fertigung. Praktisch alle Baugruppen und Antriebe mussten neu entwickelt und gebaut werden – grundlegende Änderungen und Neuerungen wurden schon in dem Kapitel zu Motoren, dem Versuchsfahrzeug DE 2500 sowie der Bestückung des Maschinenraums genannt. All diese brandneuen Technologien in einer alltagstauglichen Lok zu vereinen erforderte viel Anstrengung der Beteiligten.

Vorserienlok 120 001 stand am 31. Oktober 1980 im Ausbesserungswerk München-Freimann. *Foto: M. Dostal*

DB
120 001-3

Die herausragenden Merkmale und Neuerungen an den Vorserienmodellen der Baureihe 120 im Überblick:

- die Nutzung eines Vierquadrantenstellers (4QS) als Eingangsstromrichter, der neben höchster Netzfreundlichkeit erstmals die Möglichkeit bietet, Bremsströme zu 100 Prozent zurück ins Netz zu geben
- der vom 4QS versorgte Zwischenkreis mit 2800 V Nenn-Gleichspannung
- der zum Zwischenkreis gehörende Saugkreis, der mit Kondensatoren und Drosselspulen die gelieferte Gleichstromleistungspannung optimal glättet
- der aus der DE 2500 bekannte Wechselrichter mit PWM-Technik, der den für den Antrieb der Asynchronmotoren nötigen Strom variabler Frequenz produziert
- die durch die Unterflurmontage nötige neue Bauform des Transformators
- von Anfang an Einholm-Stromabnehmer

7.1 Die Stromabnehmer

Beginnen wir mit ihnen, denn wenn sie nicht funktionieren, fährt keine Lok: Auf den Prototypen kamen Einholm-Modelle der Bauart Siemens SBS 80 AL zum Einsatz – das AL steht für Aluminium. Dieser Werkstoff (statt Stahl) in Kombination mit Gießharz- statt Porzellanstützen und dem im Grundrahmen platzierten »Antrieb«, also der Hebe-/Senkvorrichtung, spart pro Stromabnehmer 90 kg Gewicht; zudem benötigt Aluminium keinen Farbanstrich. Die DB forderte, dass die Stromabnehmer bis zu einer Geschwindigkeit von 250 km/h (200 km/h bei Doppeltraktion) ihre Aufgabe zuverlässig erfüllen. Beide Stromabnehmer sind durch eine auf Isolatoren montierte Dachleitung verbunden.

Nicht nur Laien fragen sich beim Blick auf Einholm-Stromabnehmer, ob es einen Unterschied macht, ob die offene Seite des Stromabnehmers in (»Spießgang«) oder gegen die Fahrtrichtung (»Kniegang«) zeigt – auch bei der DB war man sich bei der Einführung der Technik unsicher, ob

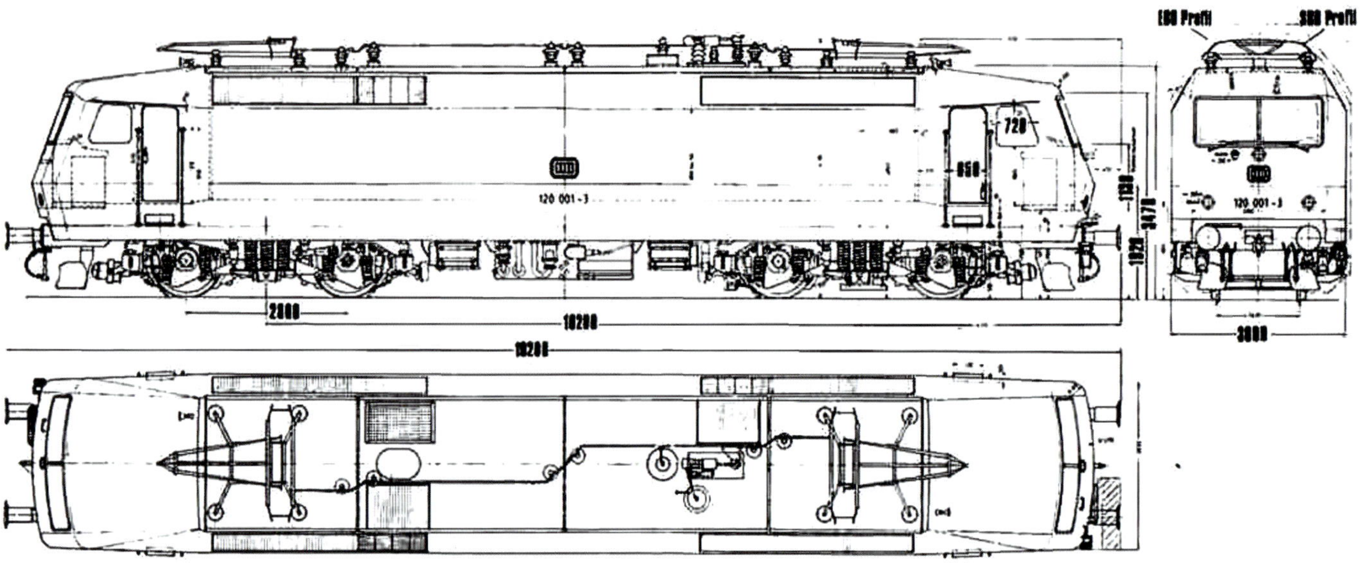

Diese Typenzeichnung zeigt Positionierung und Maße der Stromabnehmer sowie den Verlauf der Dachleitung.

Zeichnung: DB / Archiv transpress

Unterschiede bestehen. Insbesondere könnte man vermuten, dass im Spießgang das Risiko höher ist, dass der Stromabnehmer bei hohem Tempo von der Oberleitung weggerissen wird. Nach einigen Versuchen zeigte es sich aber, dass die Montagerichtung keinerlei Einfluss auf Stromübertragung, Betriebssicherheit und Verschleiß hat.

7.2 Transformator/Saugkreis/Batterien

Zum ersten Mal bei einer in Deutschland gebauten Lokomotive sollte mit der Baureihe 120 der Transformator unter dem Lokrahmen angebracht werden. Dies war auf dem zur Verfügung stehenden Platz mit der damaligen Technik nur möglich, weil das für den Betrieb von Bahn-Wechselstrommotoren nötige Schaltwerk überflüssig wurde. Die Hochspannung mit 15 kV wird von den Stromabnehmern zum Unterflur-Trafo durch den Maschinenraum geführt; das Kabel endet seitlich in dessen Aluminiumgehäuse.

An den vier Sekundärwicklungen des Trafos stehen 1513 V bei einem Nennstrom von je 860 Ampere (A) bereit; sie setzen die Bahnstromspannung auf etwas mehr als ein Zehntel herunter. Diese Abgriffe versorgen die Vierquadrantensteller der Fahrmotor-Umrichter. Eine weitere Sekundärwicklung ist für 1000 V/900 A dimensioniert, welche die Zugheizung speist, dazu eine für die Hilfsbetriebe mit 885 V und 153 A und schließlich eine mit 201 V/129 A – die versorgt unter anderem die Klimaanlage des Führerstandes. Traktionswicklung, Teil-Hochspannungswicklung sowie die ebenfalls aufgeteilten Heiz- und Hilfsbetriebewicklungen sind in vier getrennten, koaxialen Zylinderwicklungssystemen angeordnet – jeweils zwei Systeme auf einem Längsschenkel. Der Ölkühler für den Trafo steht im Maschinenraum (siehe S. 85); vom Trafo-Gesamtgewicht von 11,2 t entfallen 2,3 t auf dessen Ölfüllung.

Im Aluminiumgehäuse des Transformators sitzen aus praktischen Gründen auch die zwei, jeweils einem Umrichterpaar zugeordneten, Saugkreisdrosseln mit einem Nennstrom von 570 A (bei einer Frequenz von 33,3 Hz)

Der Transformator der BR 120 in seinem für die Unterflurmontage optimierten Aluminiumgehäuse.
Foto: Werkfoto BBC / Archiv transpress

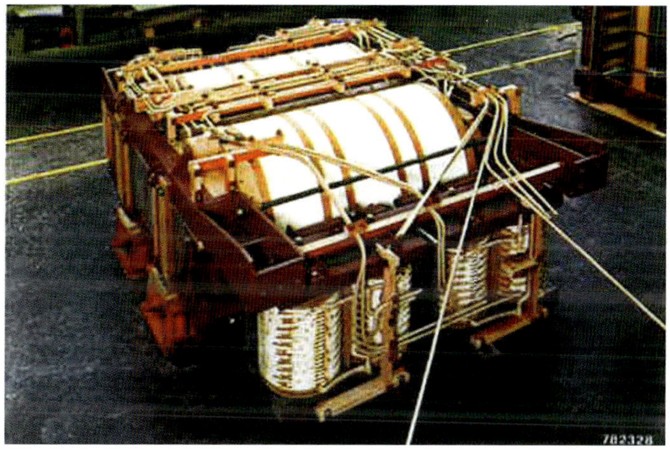

Spulen und Eisenkern (»Aktivteil«) des Transformators (oben). Unten sind die Sekundärwicklungen zu sehen, die die Vierquadrantensteller versorgen.
Foto: Werkfoto BBC / Archiv transpress

und einer Induktivität von 2 mal 3,2 Millihenry (mH). Elektrisch sind sie aber nicht direkt mit dem Trafo verbunden, sondern folgen dem 4QS (siehe nächster Abschnitt). Außerhalb des Trafo-Gehäuses, aber ebenfalls unterflur, finden sich die beiden 110-V-Batterien der Lok.

Die Leistungsfähigkeit des Trafos liegt unter dem höchstmöglichen Energiebedarf aller Loksysteme. Die Fahrmotoren wollen nominell 5,6 MW; für die Hilfsbetriebe sind 150 Kilovoltampere (kVA, Einheit für Scheinleistung; 1 V x 1 A = 1 W, in der Praxis ergibt sich ein Bedarf von knapp 1,2 MW) zu veranschlagen – insgesamt 6,69 mW. Der Trafo deckt nur rund 83 Prozent dieses Spitzenbedarfs ab. Dies ist im Bahnbau gängig – man setzt hier auf die sogenannte thermische Reserve. Selbst bei langen, vollbesetzten Personen- wie schweren Güterzügen benötigt man die Maximalleistung nur kurzfristig. Der Rollwiderstand von Schienenfahrzeugen ist gering; einmal in Fahrt, gleiten sie auf ebener Strecke ungebremst kilometerweit. Die volle Leistung verlangen die Fahrmotoren einer Lok nur beim Beschleunigen oder wenn es dauerhaft mit größter erlaubter Zuglast mit mehr als 80 km/h bergauf gehen soll. Bestands-Bergstrecken erlauben dieses oder höhere Tempos, wenn überhaupt, meist nur auf kurzen Abschnitten. Auf denen macht es nichts, wenn die Nennleistung des Trafos kurzfristig überschritten wird. Die effiziente Kühlung bewahrt den Trafo bei Spitzenlast vor Schäden; zudem sorgt die Steuerungselektronik dafür, dass die Kühlung nach dem Ende der Maximalbelastung noch etwas länger läuft – insbesondere, wenn auf die Lastspitze plötzlicher Stillstand folgt, beispielsweise vor einem Halt zeigenden Signal oder einem Bahnhof. Auch wenn die exakten technischen Gründe nicht identisch sind – ähnliches kennt man von vielen Autos, deren Lüfter nach dem Abschalten der Zündung noch einige Zeit surrt. In der Praxis erreicht man durch diesen Kniff einen betriebsfesten Trafo – und einer mit höheren Leistungsreserven hätte zum damaligen Zeitpunkt nicht in die Baureihe 120 gepasst.

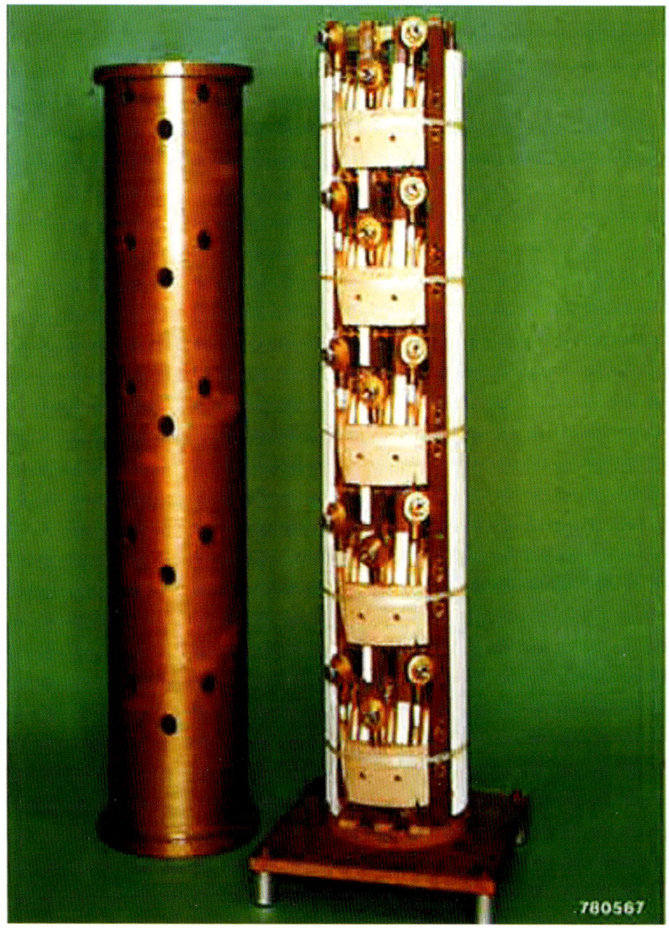

Das Drosselrohr (links) nimmt die je drei Drosseln der fünf Phasen des Stromrichters auf.

Foto: Werkfoto BBC / Archiv transpress

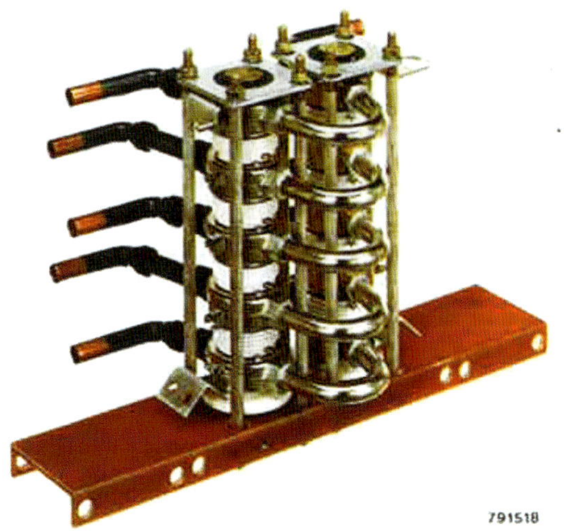

Die Halbleiter des Stromrichters sind in Kupferkühldosen montiert und in Doppelsäulen verbaut.

Foto: Werkfoto BBC / Archiv transpress

Hier wird ein vollständiges Stromrichtergerüst durch die schmale Dachluke der BR 120 für die Montage in den Maschinenraum herabgelassen. *Foto: Werkfoto BBC / Archiv transpress*

7.3 Die Stromrichter

In den Stromrichtern, also der gesamten Leistungselektronik, die aus dem Bahnstrom für den Fahrmotorantrieb tauglichen Drehstrom formt, begegnen uns als erstes die schon aus den Versuchen mit dem umgebauten »Karlsruher Kopf« bekannten Vierquadrantensteller. Jede der vier Sekundäranzapfungen des Trafos ist mit einem 4QS verbunden. Je zwei einem Drehgestellantrieb zugeordnete 4QS versorgen einen gemeinsamen Zwischenkreis mit 2800 V. Wir erinnern uns: Der Trafo stellt pro Sekundärwicklung nur 1513 V bereit. Um die geforderten 2800 V zu erzeugen, wendet BBC denselben, von Pkw-Zündspulen abgeschauten, Trick an wie schon im »Kanarie« (Kapitel 6.2.). Zündspulen sind ihrerseits direkte Verwandte von Transformatoren, ergänzt um einen Unterbrecher. Wird die Primärwicklung des Zündspulen-Trafos von Strom durchflossen, bildet sich um diese Spule ein Magnetfeld. Durch den gemeinsamen Eisenkern überträgt sich dieses Magnetfeld auf die Sekundärwicklung. Trennt der am Primärkreis angeschlossene Unterbrecher dessen Stromzufuhr, bricht das eben noch existierende Magnetfeld rasch zusammen, was im Sekundärkreis einen Hochspannungsimpuls induziert. In der Leistungselektronik wird dieses Schaltprinzip – mit Leistungshalbleitern ausgeführt – »Hochsetzsteller« genannt.
Der so erzeugte Gleichstrom hat beim 4QS wegen der vom Einphasennetz prinzipiell nur zur Verfügung stehenden, mit doppelter Netzfrequenz pulsierenden, Leistung eine Restwelligkeit von 33,3 Hz – diese wird von den Saugkreisen geglättet. Sie bestehen aus den im Trafogehäuse montierten Drosselspulen (»Drosseln«) und im Maschinenraum neben den Stromrichtern untergebrachten Kondensatoren – gemeinsam für die zwei 4QS eines Drehgestellantriebs. Auf sie folgen die Wechselrichter, die aus den 2800 V Gleichspannung durch Pulsweitenmodulation (PWM) mit einer Schaltfrequenz von maximal 200 Hz den für den Fahrmotorantrieb nötigen Drehstrom gewünschter Frequenz und Stromstärke erzeugen.

Je zwei der insgesamt vier Stromrichterkreise versorgen gemeinsam die je zwei parallelgeschalteten Motoren eines Drehgestells; diese Lösung wurde wegen des damals noch sehr hohen Aufwands für die Regelungs- und Steuerelektronik gewählt. Heutige Hochleistungs-Lokomotiven steuern ihre Fahrmotoren getrennt an und können so die begrenzte Adhäsion zwischen Rad und Schiene optimal ausnutzen.
Die im Kasten »Das Kühlkonzept der 120-Prototypen« (S. 85) erwähnten Fahrmotordrosselspulen glätten die durch die Taktung hervorgerufenen Oberschwingungen des Fahrmotorstroms und damit auch das Drehmoment des Motors. Sie müssen im oberen Drehzahlbereich kurzgeschlossen werden, damit die Leistung dort nicht unzulässig reduziert wird. Heutige Umrichterlokomotiven benötigen diese Drosselspulen nicht mehr, da die viel leistungsfähigeren aktuellen Leistungshalbleiter wie GTO und IGBT höhere Taktfrequenzen erlauben, womit Strom- und Drehmomentoberschwingungen ausreichend gesenkt werden können.

7.4 Auslieferung der Prototypen

In Kapital 6.5. wurde es bereits aufgegriffen: 120 001 verließ am 14. Mai 1979 nach einem kleinen Festakt das Krauss-Maffei-Werk in München-Allach. Vom 24. bis 27. Mai des Jahres wurde sie im AW München-Freimann während der Jubiläumsfeier »100 Jahre Elektrische Lokomotiven« dem Publikum erstmals gezeigt. Am 30. Mai 1979 lieferte Thyssen-Henschel 120 002 aus. Einer ihrer ersten Wege führte von Kassel nach Hamburg auf die Internationale Verkehrsausstellung (IVA), wo sie über drei Wochen – vom 8. Juni bis 1. Juli 1979 – der Öffentlichkeit präsentiert wurde. Erst danach wurde sie tatsächlich durch die Versuchsanstalten Minden (für den Fahrzeuglauf) und München (elektrische Ausrüstung) erprobt. Die bei Krupp gebaute 120 003 wurde am 10. August 1979 ausgeliefert, wiederum von Thyssen-Henschel folgte 120 004 am 5.

Oktober 1979. Für die aerodynamisch optimierte 120 005 (siehe Kapitel 6.5.1.1.) von Krupp existieren Quellen mit unterschiedlichen Auslieferungsterminen: Manche datieren ihn auf den 30. November 1979, andere auf den 24. Januar 1980. Fürs Protokoll: In der Literatur findet man für diese Nuller-Serie oft die Bezeichnung 120^0.

Nach ihrer Erprobung wurden die Vorserienloks von Nürnberg aus eingesetzt: 120 004 wartet am 16. September 1985 in Nürnberg Hbf mit IC 685 »Albrecht Dürer« nach Hamburg-Altona auf die Abfahrt. *Foto: M. Dohlen*

8. Interview mit Dr. Andreas Steimel: »Die Konstruktion der 120 ging an die Grenze des Robusten.«

Prof. Dr.-Ing. Andreas Steimel, Jahrgang 1947, ist Professor im Ruhestand an der Ruhr-Universität Bochum. Von 1977 bis 1990 war er bei BBC (Brown, Boveri & Cie, heute ABB) in Mannheim unter anderem an der Weiterentwicklung der Wechselrichter für die Baureihe 120 und andere Lokomotiven beteiligt. Ab 1983 leitete er bei BBC die Einführung des GTO-Thyristors für Schienenfahrzeugantriebe. Von 1990 bis 2012 lehrte er als Professor für Elektrische Energietechnik und Leistungselektronik an der Ruhr-Uni Bochum; heute leitet er ebenda die Forschungsgruppe »Elektrische Energietechnik und Leistungselektronik«.

F.: Herr Dr. Steimel, die DB-Baureihe 120 wird in der Literatur oft als Meilenstein der Elloktechnik bezeichnet. Halten Sie diesen Titel für berechtigt?

A.: *Auf jeden Fall. Die 120 und ihr Vorläufer, die DE 2500, waren die ersten erfolgreichen modernen Drehstromlokomotiven der Welt. Die 120 war zudem eine überaus zugkräftige und für hohe Fahrgeschwindigkeit geeignete Universallokomotive, deren Dauerzugkraft fast der der nur für fünf Minuten zulässigen Zugkraft der sechsachsigen DB-Baureihe 103 entsprach. Von daher ist der Ehrentitel »Meilenstein« sicher nicht übertrieben.*

F.: Die Baureihe 120 hat viele Väter. Wer hat nach Ihrer Erinnerung woran Anteil?

A.: *Die Drehstromtechnik kam sowohl beim Versuchsträger DE 2500 wie auch bei der 120 von der damaligen BBC, der Mechanteil der DE 2500 von Henschel (heute Alstom) in Kassel. Beim mechanischen Teil der 120 setzte sich Krauss-Maffei in München durch, es entstand eine eher konventionelle Konstruktion mit Drehzapfen als Verbindung zu den Drehgestellen. Da wollten Bundesbahn und Krauss-Maffei auf eine sichere Bank setzen und entschieden sich für Bewährtes. Bei den folgenden Loks zeigte sich aber, dass der Ansatz von Henschel, die Drehgestelle auf Flexicoil-Federn zu lagern und die Zugkraft mit Zug-Druck-Stangen zu übertragen, ebenfalls zuverlässig funktioniert und man den dadurch gewonnenen Platz besser für die Motoren nutzt.*

F.: Wie kam es denn dazu, dass sich die Ellok-Bauer in den 1960ern wieder der Drehstromtechnik zuwandten, nachdem fast alle elektrischen Bahnen der Welt mit Gleich- oder Wechselstrom fuhren? War das Tüftlerlaune nach dem Motto: »Wollen wir es nochmal mit Drehstrommotoren probieren?«

A.: *Das war keineswegs Zufall. Die Entwicklung der Umrichtertechnik begann Anfang der 1960er – da standen endlich leistungsfähige Thyristoren zur Verfügung. Die sind für einen alltagstauglichen, drehzahlvariablen Drehstromantrieb der Schlüsselbaustein. Auch die Steuerungselektronik machte seinerzeit schnelle Fortschritte. Die BBC-Kollegen Stemmler und Schönung demonstrierten 1964 auf der Hannover-Messe den ersten Drehstromantrieb des Hauses. Zur selben Zeit hatte AEG für den Akkutriebwagen ETA 150 (die spätere DB-Baureihe 515) einen Versuchsantrieb mit Pulswechselrichter entwickelt. Der wurde aber aus Kostengründen nicht in die Serie übernommen – bei Nennströmen von 90 Ampere und Nennspannungen von 600 Volt hätte es einer wahnwitzigen Menge an Thyristoren bedurft. So behielt der ETA 150 seine Gleichstrommotoren. BBC hatte mit seiner Drehstromstrategie den richtigen Riecher – bei AEG legten Bahn- und Stromrichterabteilung den Schwerpunkt auf die bewährte Thyristor-Anschnittsteuerung, wie sie etwa in der Baureihe 181 zum Einsatz kam. Erst 1977 befasste man sich dort wieder mit umrichtergespeisten »kollektorlosen Bahn-Motoren« – da war BBC der Konkurrenz aber längst davongelaufen.*

F.: Gilt das auch für andere Anbieter?

A.: *Zu jener Zeit: ja. Siemens hatte ein alternatives Konzept mit Homopolar-Synchronmotor – das setzte sich nicht durch. Sehr bedeutend und hilfreich waren hingegen die Beiträge von Siemens zur Regelung des Asynchronmotors, die im ICE-Triebkopf BR 401 zum Einsatz kam, der ja ansonsten die Umrichtertechnik von BBC verwendete. 1983 versuchte sich der französische Alstom-Konzern mit der BB 10003 an Asynchronfahrmotoren mit spannungseinprägendem Wechselrichter – wie die von BBC. Dies war nicht erfolgreich – der Durchbruch gelang erst nach einer Zwischenphase mit umrichtergespeisten Synchronfahrmotoren wie im TGV-A sowie der »SYBIC« BB 26000 mit dem Folgemodell BB 36000 »Astride« um 1997. Vor diesem Hintergrund ist es auch nachvollziehbar, dass die erste TGV-Generation in den frühen Siebzigerjahren noch mit Gleichstromfahrmotoren mit Thyristor-Anschnittsteuerung arbeitete. Frankreich wollte mit dem TGV-Betrieb beginnen, der ja viel mehr ist als nur die Fahrzeugtechnik. Die Drehstromtechnik war aber noch nicht so weit – da war es sinnvoller Pragmatismus, mit Bewährtem anzufangen. Für die Bundesrepublik war es in diesem Fall ein Vorteil, beim Hochgeschwindigkeitsverkehr nur die Nummer Zwei in Europa zu sein: Die Baureihe 120 kam gerade rechtzeitig, um zu den Triebköpfen von ICE 1 und 2 weiterentwickelt zu werden.*

F.: Wie lief denn die Erprobung der fünf 120er-Prototypen?

A.: *BBC betrat Neuland und das spürte man – die Anfangszeit war schwierig. Ein Thyristor kostete Ende der Sechzigerjahre um 14.000 D-Mark – die wurden anfangs eimerweise aus den Loks getragen, wie die alten Entwickler spotteten. Zu jener Zeit war Elektronik elend teuer – und die 120 war vom Fußboden bis zum Dach voll damit. Das war fast grenzwertig, die Anlaufkosten bis zur Serienreife waren schließlich zehnmal so hoch wie ursprünglich prognostiziert. Ich bewundere noch heute die damaligen BBC-Vorstände Ostendorff und Selbach, die das mitgetragen haben. Wir bewegten uns mit der 120 an den technologischen Grenzen der damals verfügbaren Komponenten – da sind die Risiken extrem groß.*

F.: In diesem Zusammenhang: War der Wunsch der DB, eine vierachsige Lok für 5,6 MW mit einem Maximalgewicht von nur 84 Tonnen zu bauen, wirklich ein so großes Problem für die Entwickler?

A.: *Absolut. Die Konstruktion der 120 ging an die Grenze des Robusten. Die war sehr stark auf Leichtbau getrimmt, was sich an manchen Stellen dann auch bemerkbar machte. Zeitweise war die Not der Entwickler so groß, dass auch untaugliche Ideen ernsthaft diskutiert wurden. So dachte man selbst darüber nach, den Ölvorrat für die Kühlung der Stromrichter zu reduzieren, was diesen kaum bekommen wäre.*

F.: Vor welchen Problemen stand BBC dann in der Erprobungsphase?

A.: *Der Schleuderschutz war durch die extrem hohe Adhäsionsausnutzung eine zentrale Herausforderung. Die Planer wollten zudem mit der Drehgestellspeisung der 120 durch den Verzicht auf zwei Motorregelungen Geld sparen und hofften sogar, die gemeinsame Speisung der Fahrmotoren machte die Lok weniger schleuderanfällig. Das hat sich so nicht bewahrheitet – heutige Elloks haben meist Einzelradsatzantrieb. Rückblickend war das nicht die optimale Konzeptentscheidung – man hat die Nachteile der Drehgestellspeisung unterschätzt.*

F.: Zu jener Zeit war es üblich, dass die Bundesbahn Aufträge zu möglichst gleichen Teilen an die deutsche Bahnindustrie vergab. So geschah es auch bei der Baureihe 120. Entstehen durch die nötige Koordination der beteiligten Unternehmen nicht große Reibungsverluste?

A.: *Es hat schlussendlich immer funktioniert, aber es war schon schwierig. Wenn einer der Konsortialpartner eine Komponente entwickelt hatte und alle sie dann einbauen sollen, gibt es jede Menge Abstimmungsprobleme. Es war halt sehr viel Know-How in den Köpfen der Entwickler angesammelt, aber nicht alles wurde damals auch entsprechend dokumentiert – heutzutage bringen die technischen Unterlagen zu einer Lok ja schon mal zig Kilogramm auf die Waage.*

Ein Thema war etwa die Inbetriebnahme der Loks. Ich erwähnte bereits, dass man sich mit der Baureihe 120 an der Grenze des seinerzeit technisch Möglichen bewegte. Bei der Motorregelung arbeitete man deshalb mit vielen Kniffen und Tricks wie Vorsteuerungen vorbei an der Regelung, die nicht wirklich robust waren. Mit den stringenteren modernen Regelungsverfahren können sie sogar Dinge massiv falsch machen und die Technik läuft dennoch. Seinerzeit war das Zusammenspiel von Motorwechselrichter und Netzstromrichter heikel – ein hapernder Wechsel der Taktverfahren konnte Leistungssprünge von über einem Megawatt im gemeinsamen Zwischenkreis auslösen. Da war dann Feierabend. Bis hier alle Beteiligten wirklich eine Sprache sprachen und entsprechend handelten, brauchte es seine Zeit.

F.: Blicken wir noch einmal auf die Geschichte des Drehstroms als Bahnantrieb. War sein Einsatz zu Beginn der Bahn-Elektrifizierung ein Irrweg?

A.: *Grundsätzlich war der Asynchronmotor in seiner Robustheit und prinzipiell unbegrenzten Leistungsfähigkeit als Ansatzpunkt schon 1895 richtig. Es fehlte aber an Möglichkeiten, ihn bahngerecht mit frei wählbarer Geschwindigkeit zu betreiben. Die kamen erst 1965 auf, als es die Leistungselektronik ermöglichte, Wechselspannungen variabler Frequenz und Spannung zu erzeugen. Und die Rekordfahrten Berlin-Zossen zu Anfang des 20. Jahrhunderts hatten ja nie das Ziel, einen alltagstauglichen Bahnantrieb zu finden, sondern waren Technologiedemonstrationen – ähnlich wie Kruckenbergs Schienenzeppelin, der für den regulären Betrieb nie getaugt hätte.*

F.: Wie beurteilen Sie vor diesem Hintergrund den Fakt, dass die italienische Staatsbahn einige ihre Drehstromstrecken bis 1976 unterhielt?

A.: *Das war wohl eine Mischung aus Pragmatismus und leeren Kassen. Zu Beginn des 20. Jahrhunderts war für die steilen, tunnelreichen Strecken Italiens der simple Drehstromantrieb dem Dampfbetrieb weit überlegen. Auch wenn wir heute über die komplizierte Zweidraht-Fahrleitung und die primitive Motordrehzahlverstellung lächeln – zu seiner Zeit war der Antrieb eine große Innovation. Dummerweise manövrierte sich die FS damit in eine Sackgasse. Die Oberleitung taugte auch nicht für Geschwindigkeiten über 100 Stundenkilometer – es hätte also wenig Sinn gehabt, für diese Strecken modernere Lokomotiven zu entwickeln. Und auf dem ausgedehnten Netz auf einen Schlag Fahrdraht und Zugmaschinen auszutauschen konnte sich die FS nicht leisten. Letztlich stieg man sukzessive auf Gleichstrom sowie 40 Jahre später auf 50-Hz-Industriestrom für die Hochgeschwindigkeits-Neubaustrecken um. Aber so ist es überall in der Technik: Hat man sich einmal für ein System entschieden, wird ein Wechsel kompliziert und meist teuer.*

F.: Wo wir bei Wechseln sind: Welche Fortschritte hat denn die Ellok-Technik nach der 120 noch gemacht?

A.: *Ein Meilenstein, der schon zur Zeit der 120 verfügbar war, war die Ablösung der Zwangskommutierung im Umrichter durch den Einsatz abschaltbarer Leistungshalbleiter, um 1985 zuerst GTOs (Gate Turn-Off Thyristor). Die in den 120ern noch benutzten Thyristoren kann man nicht über das Steuergate abschalten – dazu bedurfte es zusätzlicher, durch Hilfsthyristoren aktivierter Löschkreise. Durch die GTOs wurde die Technik günstiger, robuster und kompakter – bei der Größe um den Faktor 2 bis 3. Die seit etwa 1995 eingesetzten IGBT-Hochleistungstransistoren verbessern den Sprung noch mal um den Faktor 3. Ein weiterer Meilenstein sind fortentwickelte Motorregelungsverfahren, sprich die feldorientierte Regelung in mehreren Varianten. Dieser neue, dynamische Ansatz bestimmt die Richtung des Magnetfelds im Motor und orientiert daran die augenblicklich erforderliche Spannung. Das ermöglicht Drehmomentänderungen innerhalb von zehn Millisekunden, was beim Schleuderschutz zur Unterdrückung von gefährlichen Schwingungen im Antriebsstrang hilfreich ist. Schließlich würde ich die Fahrzeug- und Zugbussteuerungen MVB (Multifunction Vehicle Bus) und WTB (Wire Train Bus) nennen, ohne die ein moderner Zugbetrieb nicht möglich wäre.*

Die ab 1995 produzierte Baureihe 101 profitierte von den mit der 120 gesammelten Erfahrungen: 101 022 am 16. März 2012 mit einem Intercity kurz vor Minden.
Foto: Wikimedia Commons - Lars Steffens (CC BY-SA 2.0)

9. Die Erprobung der Prototypen

Nach der feierlichen Übergabe des ersten Prototyps bei Krauss-Maffei im Mai 1979 (Kapitel 6.5.) ging es in die Erprobung. 120 001 und 002 wurden für Messungen verwendet, 003 bis 005 für die Betriebserprobung in Nürnberg beheimatet. Mit Personen- wie Güterwagen am Haken auf Steilstrecken, in Temperaturkammern und auf Prüfständen, bei Mess- wie Planfahrten fühlte man den Prototypen auf den Zahn. 120 001 bediente im Personenzugdienst die Strecke Regensburg – Würzburg beziehungsweise im Wendezugdienst die Verbindung Ansbach – Nürnberg.

Bereit zum Einsatz: 120 005 rangiert am 3. August 1981 in Nürnberg Hbf. *Foto: M. Dostal*

GRUNDIG
DB
2
120 005-4

Diese Einsätze forderten die Loks noch kaum. Die Grenzen des Trafos lotete man mit einem mit zwei Speisewagen bestückten Intercity aus, der die anderthalbfache der normalen Zuglänge hatte. Die genaue Zahl der Personenwagen ist nicht überliefert; da seit 1979 ICs beide Wagenklassen führen, kann man von 15 bis 18 ausgehen. Sämtliche elektrischen Verbraucher in den Wagen waren eingeschaltet und wurden von der Zugsammelschiene der Lok ohne Auffälligkeiten versorgt.

Mit 2700 t schweren Güterzügen testete man zunächst die Zugkraft der 120er, ebenso bespannte sie Regelgüterzüge. Die erwiesen sich für Versuchsfahrten allerdings nur bedingt geeignet, denn die meisten waren nicht übermäßig schwer; die Pausen der Loks zwischen den Einsätzen waren viel zu lang, um ihre Dauerbetriebsfestigkeit zu erkunden. Daraufhin stellte die DB gleich drei mit Schrott und altem Schotter beladene Güterzüge zusammen, die mit den 120ern voraus zwischen Ochsenfurt und Plattling in Bayern verkehrten. Wichtiger Teil der Test-Touren waren Anfahrten auf der Strecke. Um bei einer Panne den Regelfahrplan nicht durcheinander zu bringen, fuhr immer noch eine DB-Lok der Baureihe 151 mit, die die bald »Schrottzug« genannte Wagenkomposition bei einer Panne hätte wegziehen können. Im Laufe der Jahre befuhren alle fünf Prototypen mit dem Schrottzug am Haken den Kurs Passau – Regensburg – Nürnberg – Ansbach – Würzburg – Jossa – Elm – Schlüchtern – Nürnberg Rbf – Nürnberg Hbf.

Auch die Frankenwaldbahn mit ihren starken Steigungen war ab 1980 immer wieder Ziel von Testfahrten zur Optimierung der Adhäsionsausnutzung. Mitte Mai 1981 hatten die fünf Prototypen insgesamt bereits eine Million Kilometer absolviert – nur einen geringen Teil davon störungsfrei. Probleme zu Beginn einer Erprobung sind nichts ungewöhnlich – dennoch herrschte beim Kunden DB Katzenjammer. Nicht alle Probleme haben prinzipiell mit der Drehstromtechnik zu tun – sie verzögerten aber die Auslieferung der Exemplare 002 bis 005 wie auch die Bestellung der Serie spürbar. Einige Kinderkrankeiten waren gravierend, bei anderen handelte es sich um Kleinigkeiten.

9.1 Kurzschluss im Trafo

Der Transformator von 120 001 entpuppte sich als nicht ausreichend kurzschlussfest. Ironischerweise war es eine ursprünglich für notwendig erachtete Schutzschaltung für die Leistungshalbleiter im Stromrichter, die in der Folge im Trafo Kurzschlüsse auslöste und diesen beschädigte. Daraufhin wurde der Wicklungsaufbau der Spulen geändert – nicht nur am Trafo der 120 001, sondern auch dem für die Folgemodelle. Das löste das Problem – erst im Nachgang stellte sich heraus, dass die ursächlich verantwortliche Schutzschaltung überflüssig ist. Umsonst war die Mühe allerdings nicht, dann auch aus anderen Gründen können in einem Transformator Kurzschlüsse auftreten; ein kurzschlussfester Trafo ist also für einen möglichst störungs- und wartungsfreien Betrieb Voraussetzung.

Am Trafo selbst, dem Ölkühler und den Zuleitungen trat Öl aus. Am ersten Trafo löste ausgerechnet das unsachgemäß angebrachte Typenschild die Leckage aus; bis die Ölkühler dauerhaft dicht waren, verging das Frühjahr 1983.

9.2 Motor und Getriebe

Die Fahrmotoren selbst bewährten sich von Anfang an. Probleme bereitete hingegen die Kraftübertragung auf die Radsätze. Vor der Baureihe 120 hatte es noch nie Bahnmotoren mit einer Leistung von je 1400 kW gegeben – trotz Versuchen im Vorfeld zeigte es sich, dass der Hohlwellen-Gummigelenk-Kardanantrieb in der ursprünglichen Ausführung der Beanspruchung nicht gewachsen war. Zwar hatten die BBC-Ingenieure den Antrieb grundsätzlich korrekt dimensioniert. Das fliegend angeordnete, pfeilverzahnte Ritzel war dem großen anliegenden Drehmoment aber nicht gewachsen und brach von der Motorwelle. Je nach Erinnerung der Beteiligten ist von fünf bis zehn Wellenbrüchen die Rede – die weitere Teile des Antriebs in Mitleidenschaft ziehen können. Zu viel, um sie zu ignorieren. Als Dollpunkt stellten sich die beiden Teil-Zahnräder des Ritzels (siehe Foto S. 103) heraus. Sie

Die Achse einer E-Lok der Baureihe 120 zeigt einige Details des Hohlwellen-Gummigelenk-Kardanantriebs von BBC: Links auf der Achse ist das Ritzel mit Pfeilverzahnung zu sehen; auf der anderen Achsseite sind die Gelenkhebelkupplungen und der Gabelstern zu erkennen. *Foto: Kiebler*

mussten bei der Montage peinlich genau zueinander justiert werden. Da sie nur durch Presssitz auf der Welle hielten, verschoben sie sich im Betrieb gegeneinander. Erlaubt war eine Toleranz von 0,08 mm, in der Praxis traten 2 mm auf. Nachdem man dies erkannt hatte, wurden die beiden Zahnräder miteinander verschweißt. Als zusätzliche Maßnahme polierte man neue Motorwellen vor dem Einbau, um Riefen zu vermeiden, die sich zu Rissen hätten entwickeln können. Seitdem brachen keine Wellen mehr.

Bis zur Erprobung der Baureihe 120 schmierte die DB die Antriebsseite ihrer Lokomotiven mit Fett. Bei den hohen Drehzahlen der BBC-Motoren funktionierte dies aber nicht zufriedenstellend (und löste einen Brand aus, siehe Kapitel 6.5.4.), weshalb auf Ölschmierung umgerüstet wurde.

9.3 Guten Rutsch!

Nach den überaus erfolgreichen Anfahrversuchen mit dem Erprobungsträger DE 2500 (Kapitel 5) erlebten die Ingenieure mit dem wesentlich stärkeren Antrieb der Baureihe 120 manch unschöne Überraschung. Vor allem bei Nässe gelang es den Prototypen nicht immer, ihre Leistung tatsächlich auf die Schiene zu bringen – zeit-

Ein Motor für den Antrieb der BR 120.
Foto: Werkfoto BBC / Archiv transpress

weise schimpften die Bundesbahner die Maschinen wenig schmeichelhaft als Schönwetterloks. Beispielhaft (und für Industrie und DB blamabel) zeigte sich dies bei Versuchsfahrten der 120 003 auf der Schweizer Lötschbergstrecke im Dezember 1980. Mit 816 t am Haken schleuderten mehrfach beide Radsätze eines Drehgestells. Die zu dieser Zeit als Maßstab für gutes Adhäsionsverhalten geltende Re 4/4 der Bern-Lötschberg-Simplon-Bahn, deren erste Exemplare 1964 in Dienst gestellt worden waren, zogen der 120 003 davon. Nicht nur die im Vergleich zur DE 2500 stärkeren Motoren stellten sich als Problem heraus. Auch die Tatsache, dass auf der 120 je zwei Motoren über eine Sammelschiene versorgt werden, also nicht im erforderlichen Maß einzeln geregelt werden können, zeigte die Grenzen der Prototypen. BBC entwickelte in Zusammenarbeit mit der Rheinisch-Westfälischen Technischen Hochschule (RWTH) Aachen noch Jahre bis in die Serienfertigung geeignete, mikroprozessorkontrollierte Regelschaltungen, die beim Fahren und Bremsen (»Schleudern«/»Gleiten«) die Kraft des Drehstromantriebs sicher auf die Schiene bringen.

Drehmomentregelung – wo ist das Problem?

Die Motorleistung lässt sich nur dann schleuderfrei dosieren, wenn die Regelung Vergleichswerte hat. Am einfachsten wäre es, die Momentangeschwindigkeit durch Sensoren an einem nicht angetriebenen Radsatz zu ermitteln. Dafür benötigte ein Schienenfahrzeug das sprichwörtliche fünfte Rad am Wagen. Es liegt auf der Hand, dass dies nicht praktikabel ist.

Die nächstbeste Möglichkeit zur Ermittlung von Referenzwerten ist, die Ist-Drehzahl aller angetriebenen Radsätze zu ermitteln. Die zunächst praktizierte Methode bestand aus Zahnkranzrädern auf den Radsatzwellen – die Zahnkranzräder fungieren als Wertgeber eines induktiven Zählers, der in Abhängigkeit von der Drehzahl Messimpulse liefert. Nutzt man statt der Radsatz- die schneller drehenden Motorwellen, erhält man noch präzisere Messwerte. Die exaktesten Referenzsignale lieferte seinerzeit ein Bodenradar. In einige Exemplare der Baureihe 120 wurde es als Geber für den Schleuderschutz tatsächlich eingebaut; die damals verfügbare Technik bewährte sich aber nicht. Alltagstauglich wurde es in der ab 1995 gebauten DB-Baureihe 101. Weitere Untersuchungen zeigten aber, dass eine exakte Drehzahlermittlung durch Suchverfahren auch ohne Radar möglich ist, weshalb diese Sensorik in aktuellen Triebzügen und Lokomotiven nicht mehr zu finden ist.

Am Abend des 3. August 1983 steht 120 002 mit dem D 300 nach Berlin abfahrbereit am Bahnsteig des Münchener Hauptbahnhofes. *Foto: M. Dostal*

Die Baureihe 120 sollte die Loks der Baureihe 103 im Intercityverkehr ersetzen. Doch als 120 003 am 12. August 1983 im Münchener Hauptbahnhof mit dem IC 580 zur Abfahrt bereitstand, bewiesen 103 206 (links) und 103 171 die Dominanz ihrer Baureihe. *Foto: M. Dostal*

9.4 Störungen im Netz und in Signalen

Schon bei den Versuchen mit der umgebauten, aus dem Karlruher Kopf gespeisten DE 2500 spielte der 4QS gleich mehrere entscheidende Rollen: Nur über ihn konnte der von den Motoren produzierte Bremsstrom problemlos ins Bahnstromnetz eingespeist werden. Die vier Stromrichter werden mit um jeweils 45 Grad zueinander versetzten Taktungen so betrieben, dass jeweils die störendsten niederfrequenten Stromoberschwingungen, die durch den schaltenden Betrieb der Thyristoren hervorgerufen werden, sich gegenseitig aufheben und der verbleibende Netzstörstrom unter einem Prozent des Nutzstroms liegt.
Dies funktioniert auch zufriedenstellend, aber in der Praxis tauchte mit den Prototypen ein weiteres Problem auf. Auf dem als besonders kritisch erkannten Streckenabschnitt zwischen Plattling und Straubing in Bayern traten im Bereich um 1,5 kHz Störströme in einer Höhe von mehreren Ampere (A) auf – berechnet worden war unter einem A. Die Untersuchungen von DB und BBC ergaben, dass dies ursächlich auf die spezielle Konfiguration des Bahnstromnetzes an dieser Stelle zurückzuführen war. Im Pflichtenheft waren Störströme beziehungsweise deren Vermeidung in diesem Bereich nicht gefordert. Gleichzeitig war aber klar, dass Abhilfe Not tut.
Praktischerweise registrierte die DB auf den ersten Versuchsfahrten, dass ihr Netz stabil genug ist, um bei der elektrischen Bremse auf den ursprünglich im Dachaufbau geplanten Widerstand verzichten zu können. An dessen Stelle kam, wie erwähnt, ein zusätzlicher Störstromfilter.
Das löste auch ein weiteres Problem: Die bereits zu Reichsbahnzeiten eingeführten Gleisfreimeldeeinrichtungen (zur Steuerung der Signalblockeinrichtungen) operieren – je nach Modell – mit einer 100 Hz Wechselspannung oder mit Tonfrequenzen in Schritten von 9,5 bis 14,5 kHz. Auch hier erzeugten die Versuchsmuster der Baureihe 120 noch Störungen, die mit dem Filter beseitigt wurden. Nur die besonders niederfrequenten 100-Hz-Störungen mussten zusätzlich mit einem aktiven Antiregelungskreis unterdrückt werden, der auf das Schaltmuster der 4QS wirkt.

9.5 Hilfe für die Hilfsbetriebe

Im Kasten auf Seite 85 war die Stromversorgung der Hilfsbetriebeumrichter (HBU) schon einmal Thema. Diese arbeiteten, wie in den DB-Bahn-Zügen der Baureihe 420, mit Drehstrom. Für die Baureihe 420 lieferte BBC die HBUs, die der 120 stammten von AEG. Diese fielen in den Vorserienloks reihenweise aus – hatte das Erprobungspersonal Glück, gab nur einer der drei HBUs den Geist auf – dann konnte die Lok dank weitgehend redundanter Auslegung mit Einschränkungen noch ihr Ziel oder wenigstens das nächste Bw erreichen. Fielen zwei aus, hieß es: ab-

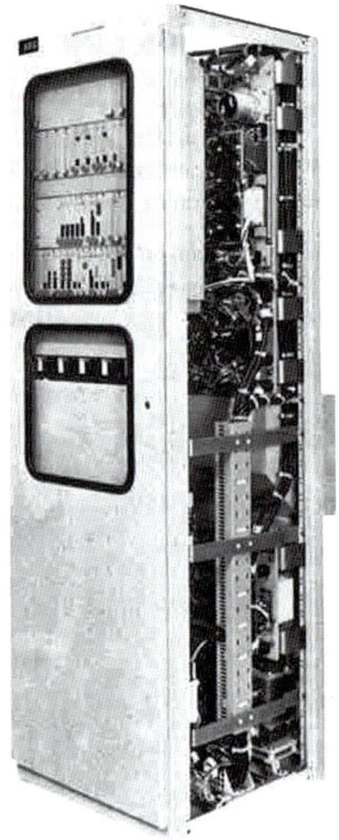

Der Hilfsbetriebeumrichter der Baureihe 120 in der AEG-Variante. Foto: Werkfoto AEG / Archiv transpress

Hilfsbetriebeumrichter mit geöffnetem Drehrahmen. Die Wärmetauscherrückwand des Drehrahmens »Steuerung und Regelung« ist entfernt. Foto: Werkfoto AEG / Archiv transpress Foto: Werkfoto AEG / Archiv transpress

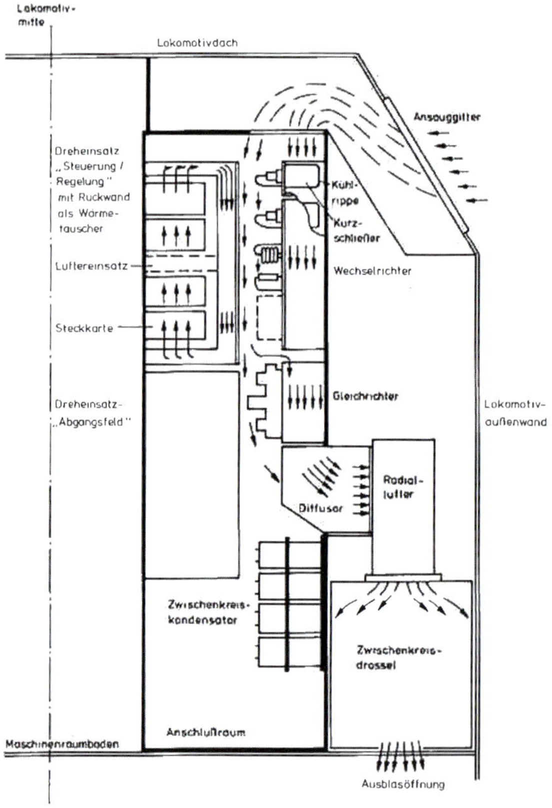

Belüftungsschema. Zeichnung: AEG / Archiv transpress

Als die DB am 21. Juli 1984 feierlich das dritte Streckengleis zwischen Würzburg und Rottendorf eröffnete, übernahm diese Aufgabe standesgemäß eine Lok der modernsten Baureihe der Staatsbahn: 120 003.

Foto: Claus-Jürgen Jacobson, Slg. M. Dostal

schleppen. Ein wesentlicher Schwachpunkt der HBUs waren ihre 32 zur Kühlung eingesetzten Kleinlüfter. Diese stellten mit dem Umlegen des Hauptschalters beziehungsweise Senken des Stromabnehmers den Betrieb ein, führten also die Restwärme der elektronischen Bauteile nicht mehr ab, wodurch diese den Hitzetod starben. Zudem waren sie an schwer zugänglichen Stellen angebracht – fielen sie aus, mussten komplette Schränke ausgebaut werden. Auch die elektromagnetische Verträglichkeit (EMV) war nicht alltagstauglich. Erst in mehreren Stufen gelang es der AEG, die Schwachstellen auszumerzen. Unter anderem setzte man für die HBU-Wechselrichter von 120 002, 003 und 004 die zwischenzeitlich verfügbaren abschaltbaren GTO-Thyristoren ein, die die Betriebssicherheit deutlich erhöhten.

9.6 Kleinigkeiten

Neben den geschilderten gravierenden Problemen traten bei den Versuchsfahrten die nie ganz vermeidbaren harmlosen, aber ärgerlichen Schwachstellen zutage. So hoben während der Fahrt die Scheibenwischer ab – mit geänderter Spannung der Andruckfeder leicht zu lösen. Die

Die bunte Wagenreihung des Zuges lässt darauf schließen, dass 120 004 im Jahr 1985, als die Eisenbahn in Deutschland ihren 150. Geburtstag feierte, mit einer Überführungsfahrt unterwegs ist. Anlässlich des Jubiläums trägt die Lok den damals allgegenwärtigen Aufkleber. *Foto: Dr. Bernhard Domagalski, Slg. M. Dostal*

Klammern der Fenstergummidichtungen rosteten, was durch den Umstieg auf rostfreies Material erledigt war. Das Getriebe der Fensterheber war schwergängig und wurde einfach gestrichen. Nach Leckagen der Getriebeschutzkästen wurde deren Dichtung modifiziert. Schließlich wurde im Lüfter des Stromrichters ein Fertigungsmangel beseitigt – seitdem war er nicht mehr schwergängig.

9.7 Weitere Erprobungsschritte

Im April 1980 zerlegte der Werkstättendienst der DB Lok 120 002 komplett, um Erkenntnisse über deren Wartungsfreundlichkeit und mögliche, in der Serienproduktion noch abstellbare Schwachstellen bei Reparaturen zu finden. Die Probezerlegung bestätigte, dass bereits die Prototypen die im Pflichtenheft geforderte Wartungsfreundlichkeit boten – außer Kleinigkeiten gab es in diesem Punkt keine Kritik. Diese Lok wanderte im September 1983 in die Farbbrennkammer des AW Freimann, wo sie einer Umgebungstemperatur von 64 ° Celsius ausgesetzt wurde. Danach ging es in der Kältekammer der Versuchsanstalt Wien-Arsenal auf -30 ° Celsius. Beide Tests untermauerten die Robustheit der neuen Technik; die Kältetests halfen, die Isolation des Führerstands zu verbessern.

Lok 120 005 ging vom 19. Oktober bis 5. Dezember 1983 im AW München-Freimann in Revision – dieser Zeitpunkt illustriert die lange Erprobungsphase der Baureihe 120. Tatsächlich endete sie deutlich später. Da seit der Aus-

lieferung immer wieder diverse Komponenten getauscht worden waren, waren diese unterschiedlich abgenutzt. Die zu diesem Zeitpunkt verbauten Fahrmotoren hatten 160.000 km auf der Uhr, der Lokkasten und der große Rest des Prototyps fuhr seit der Übernahme monatlich rund 40.000 km im IC-Betrieb, hatte zu diesem Zeitpunkt also rund 1,4 Millionen km hinter sich.
Die Drehgestelle zeigten sich optisch und messtechnisch in gutem Zustand; deren Aluminium-Achslagergehäuse hatten sich aber geweitet, weshalb man auch hier auf Stahl als Material wechselte.
Es gelang problemlos, Kasten und Drehgestelle von den Radsätzen zu heben. Durchs Dach drang allerdings Wasser ein, was ebenfalls zu kleinen konstruktiven Änderungen führte. Kein Konstruktionsfehler, sondern unsachgemäße Veränderungen waren schuld an Rissen in den Alu-Dachplatten. Die Lüfter der Traktionsstromrichter zeigten sich schlecht geschmiert, weshalb in der Folge in allen Prototypen Nachschmiereinrichtungen installiert wurden. Eine Radscheibe des Radsatzes 3 hatte einen 4 cm langen Riss, woraufhin alle gegen die der 120 004 getauscht wurden. Die übrigen ausgebauten Räder zeigten sich nach Überdrehen in einwandfreiem Zustand und ließen eine Laufleistung von einer Million Kilometer erwarten. Insgesamt schätzten die Bundesbahner, dass nach Beseitigung der erkannten Kinderkrankheiten die Baureihe 120 weniger Wartung als die Baureihe 111 benötigt und die im Lastenheft geforderte Wartungsarmut tatsächlich erreicht.

Am 1. Juni 1982 hat 120 005 ihren D-Zug für die Fahrgäste in München Hbf bereitgestellt. *Foto: M. Dostal*

9.8 Tempo 200 mit der 120

Schon in der Einleitung zu diesem Buch wurde berichtet, dass Lok 120 005 ab Werk für eine Dauergeschwindigkeit von 200 km/h ausgelegt war. Bei den ersten Probefahrten zeigte sich die große und bislang unerreichte Laufruhe der BR-120-Prototypen, die das Quintett für Tempo 200 empfahl. Es war dann allerdings nicht 005, sondern 120 002, die am 31. August 1981 auf einer von der Versuchsanstalt Minden durchgeführten Fahrt zwischen Celle und Uelzen in Niedersachsen Tempo 231 km/h erreichte und damals einen neuen Rekord für Drehstromlokomotiven aufstellte. Konzeptionelle Änderungen für den Regelbetrieb mit Tempo 200 waren nicht nötig – einzige konstruktive Änderungen waren widerstandsfähigere Frontscheiben und die Optimierung der Federung. Den Betriebsrichtlinien war die Ausrüstung der Prototypen mit der Linienförmigen Zugbeeinflussung (LZB) geschuldet. In Kapitel 6.5.1. wurde bereits auf die noch nicht druckfesten Fahrerkabinen der Vorserienmodelle hingewiesen; für die tunnelreichen, ungefähr zeitgleich mit der Lokomotive entstanden DB-Neubaustrecken taugte sie nicht. Allerdings war auch auf einigen Ausbaustrecken, die unter anderem bereits von der Baureihe 103 befahren wurden, Tempo 200 möglich. Wenig verwunderlich erreichte 1984 Lok 120 001 mit fünf Wagen am Haken die Rekordgeschwindigkeit von 265 Stundenkilometern.

Mit einem Messzug haben 120 001 und die am Zugschluss laufende 120 005 auf der gerade fertiggestellten Schnellfahrstrecke Hannover – Würzburg am 15. Oktober 1986 den 872 m langen Tunnel Hohe Wart bei Würzburg durchfahren.

Foto: M. Dostal

Ungewöhnliches Gespann: 120 003 durchfährt am 9. Oktober 1992 den Bahnhof Probstzella. Am Haken hat sie eine Reichsbahn-Lok der Baureihe 155 (ex BR 250), besser bekannt als »Container«. *Foto: M. Dostal*

9.9 120 – reif für die Serie?

Die lange Liste der in der Erprobung aufgetauchten Probleme könnte den Eindruck erwecken, die Baureihe 120 sei von der Serienreife weit entfernt gewesen. Tatsächlich sind solche Pannen in der Versuchsphase sicher ärgerlich aber, obgleich unerwünscht, nicht unerwartet. Und natürlich förderte die Erprobung die guten Eigenschaften der Baureihe 120 zutage: Mit schweren Güterzügen am Haken erwies sie sich der sechsachsigen DB-Güterzuglokomotive 151 ebenbürtig; 120 001 und 120 003 hielten im September und Oktober 1983 bei Fahrten mit Intercitys zwischen München und Stuttgart sowie von Stuttgart nach Hamburg den für die Baureihe 103 entworfenen Fahrplan ein. Bis Ende 1983 absolvierte das Prototypen-Quintett störungsfrei mehr als 400.000 km; insgesamt hatte es bis dahin über 3 Millionen Kilometer zurückgelegt. Die DB hielt die Lok jetzt für serienreif. Dr. Klaus Huber, seinerzeit Dezernent bei den Bundesbahndirektionen Nürnberg und München, fasste im Buch »Elektrische Triebfahrzeuge« die Erfahrungen mit der 120 wie folgt zusammen: »Die Drehstromtechnik mit Asynchronmotor hat sich als neues Prinzip für die elektrische Traktion hervorragend bewährt. (..) Die Erfahrungen mit fünf Prototyp-Lokomotiven der BR 120 ermutigen zum Bau weiterer Loks in dieser Technik, wenn man die Loks der BR 120 nicht in allen Einzelheiten zeichnungsgleich nachbaut, sondern die Erkenntnisse der Betriebserprobung und der Versuchsfahrten zur notwendigen Optimierung berücksichtigt.«
Begann jetzt endlich der Siegeszug der Drehstromtechnik auf den Gleisen der DB? Keineswegs...

10. Die Serienloks

Wir schreiben das Jahr 1984. Die ganze Bahnwelt ist von den Vorzügen der modernen Drehstromtechnik überzeugt. Die ganze Bahnwelt? Nein! Die von der Politik schon damals stiefmütterlich behandelte Bundesbahn ist wieder einmal klamm. Während der Bau- und Erprobungsphase der BR-120-Prototypen wurden von uninformierter Seite Fantasien gestreut, die von über 800 Bestellungen der »Wunderlokomotive« durch die DB fabulierten. Die Realität war das genaue Gegenteil: Im April des Jahres schrieb der damalige Erste Präsident der DB, Dr. Reiner Maria Gohlke, sinngemäß an BBC, die im Jahr 1976 vereinbarte Entwicklung einer Drehstromlok zur Serienreife sei abgeschlossen, eine Option zur Bestellung von Serienloks könne daraus aber nicht abgeleitet werden.

Auch der Ferienschnellzug FD 1981 »Königssee«, der Hamburg mit Berchtesgaden verband, gehörte zu den Leistungen der Baureihe 120. Am 29. Juli 1992 hat 120 127 die Aufgabe übernommen und passiert auf der Nord-Süd-Strecke das Gradierwerk von Bad Sooden-Allendorf. *Foto: V. Emersleben*

120 127-6

Erst nach einigem politischen Hickhack gab der damalige Bundesverkehrsminister Werner Dollinger am 3. Oktober 1984 zunächst Mittel für 36 Lokomotiven frei, im April 1985 für weitere 24, also insgesamt 60 Stück. Die DB begründete die Bestellung nicht mit betrieblichen Erfordernissen, sondern gab sie als Arbeitsbeschaffungsmaßnahme für die deutsche Lokbauindustrie aus. Dass ein Großteil der damals fahrenden DB-Elloks bis zur Indienststellung der Baureihe 120 eher 30 als 20 Jahre auf dem Buckel haben würde und zu jener Zeit immer noch Vorkriegsmaschinen auf einigen Strecken fuhren, blendete man damals wohl aus; ebenso, dass man sich auf den Hochgeschwindigkeitsverkehr vorbereitete, für den sich mangels Druckertüchtigung keine der Loks aus dem DB-Fuhrpark eignete. Und der ICE war noch weit von der Serienfertigung entfernt.

Die Arbeitsgemeinschaft der Vorserienhersteller wurde um Siemens erweitert, so dass für die Serie AEG, BBC und Siemens für den elektrischen und Krauss-Maffei, Krupp und Thyssen-Henschel für den Mechanteil verantwortlich waren. Als Federführer und Koordinator der Elektrik wurde BBC festgelegt; Krauss-Maffei übernahm diesen Part für die Mechanik. Dies betraf sowohl die Konstruktion als auch die Fertigung der Lokomotiven. Letztlich übertrug damit die DB die zu dieser Zeit bereits beim europäischen Flugzeugbauer Airbus praktizierte arbeitsteilige (»Konsortial«-) Fertigung erstmals auf eine Lokomotive.

Kurioses Detail: Wie die Serienloks nummeriert werden sollten, war bei der Auftragserteilung noch nicht festgelegt. Lange stand die Überlegung im Raum, einfach die Nummerierung der Prototypen weiterzuführen. Die erste Serienlok wäre demnach die Nummer 120 006 geworden. Entsprechend finden sich auf den ersten Bauplänen Vermerke wie »verwendbar für 120 006«. Erst im Frühjahr 1985 legte das BZA fest, dass die auch als 120[1] bezeichnete Serie mit der Nummer 120 101 beginnen sollte.

Bei der Konstruktion des Mechanteils teilte sich die Arbeit wie folgt auf:

- Krauss-Maffei: Federführung Mechanteil, Drehgestelle, Führerstandskäfig, Geräteanordnung
- Krupp: Kastenrohbau einschließlich Dächern, Seitenwänden und Untergestellen, Lüftigungsgitter, Türen
- Thyssen-Henschel: Druckluftanlage, Führerraum, Maschinenraumausrüstung

Nach dem im Wesentlichen erfolgreichen Probebetrieb der von BBC entwickelten elektrischen und elektronischen Ausrüstung war hier der konstruktive Aufwand zur Überführung in die Serie vernachlässigbar. Bei Bau und Lieferung des elektrotechnischen Anteils wurde zwischen den Ausrüstern nicht so klar abgegrenzt, da viele der beteiligten Firmen prinzipiell fast alle Komponenten hätten liefern können. Wer für Mechanik und Elektrik was tatsächlich lieferte, entnehmen Sie den Tabellen auf Seiten 122 und 124. Als Bundesbahn pflegte die DB den Mechanteil zu je einem Drittel an die genannten Firmen zu vergeben; bei der Elektrik gingen je 37,5 Prozent an AEG und Siemens, an BBC nur 25 Prozent. Dies wurde mit der Schweizer Konzernmutter von Brown, Boveri & Cie begründet.

Die Trennung zwischen Elektrik/Elektronik und Mechanik war nicht immer eindeutig. Letztlich orientierte man sich an der DIN 5607, welche die »Lieferabgrenzung zwischen den Lieferern von Fahrzeugteil und elektro- sowie gegebenenfalls klimatechnischem Teil von Schienenfahrzeugen« definiert. Bei den Gerüsten etwa für Hilfsbetriebe und Ähnliches führte die Unschärfe dazu, dass die Elektrofirmen den Mechanteilbauern vorgaben, welche Maße die Gerüste haben sollten. Diese wurden dann gebaut, zu den »Elektrikern« geliefert, dort bestückt und verkabelt und dann wieder zur Endmontage zu den Mechanikern geliefert. Eingebaut und vor allem angeschlossen wurden sie dann aber von den Elektrikern.

Man kann sich vorstellen, dass die Koordination eine logistische Herausforderung war. Für den Lokkasten baute Thyssen-Henschel Untergestell und Seitenwände und schickte sie nach München. Bei Krauss-Maffei, wo man den Rohbau des Führerstands fertigte, vereinte man diesen mit den von Thyssen-Henschel gelieferten Untergestellen und Seitenwänden zum vollständigen Lokkasten. Insgesamt entstanden daraus die bestellten 60 Exemplare, von denen 20 bei Krauss-Maffei blieben und je 20 zurück

Bildserie 5/3.4 d: Werkszeichnungen der Baureihe 120[1]

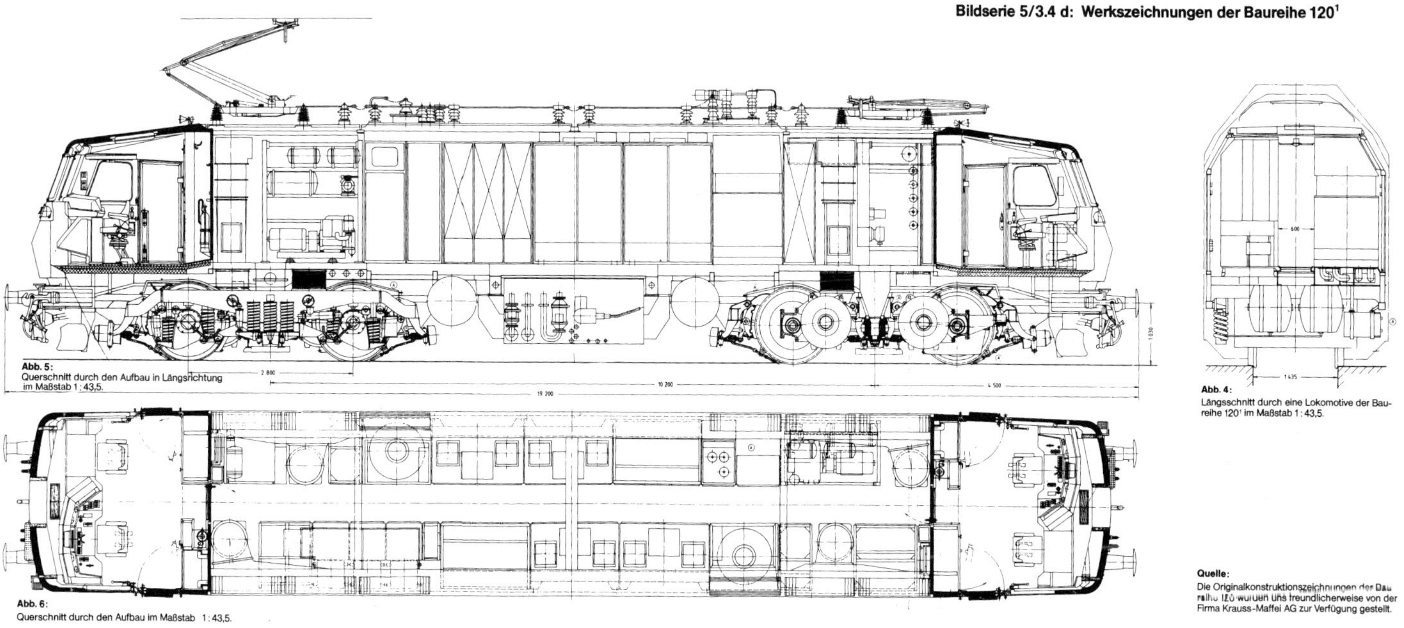

Abb. 5:
Querschnitt durch den Aufbau in Längsrichtung im Maßstab 1:43,5.

Abb. 4:
Längsschnitt durch eine Lokomotive der Baureihe 120[1] im Maßstab 1:43,5.

Abb. 6:
Querschnitt durch den Aufbau im Maßstab 1:43,5.

Quelle:
Die Originalkonstruktionszeichnungen der Baureihe 120 wurden uns freundlicherweise von der Firma Krauss-Maffei AG zur Verfügung gestellt.

Elektro- und Mechanteil der Serien-120 im Schnitt (oben) sowie Seitenansicht (unten) und Draufsicht (ganz unten).

Zeichnungen: Slg. Dostal

Bildserie 5/3.4 d: Werkszeichnungen der Baureihe 120[1]

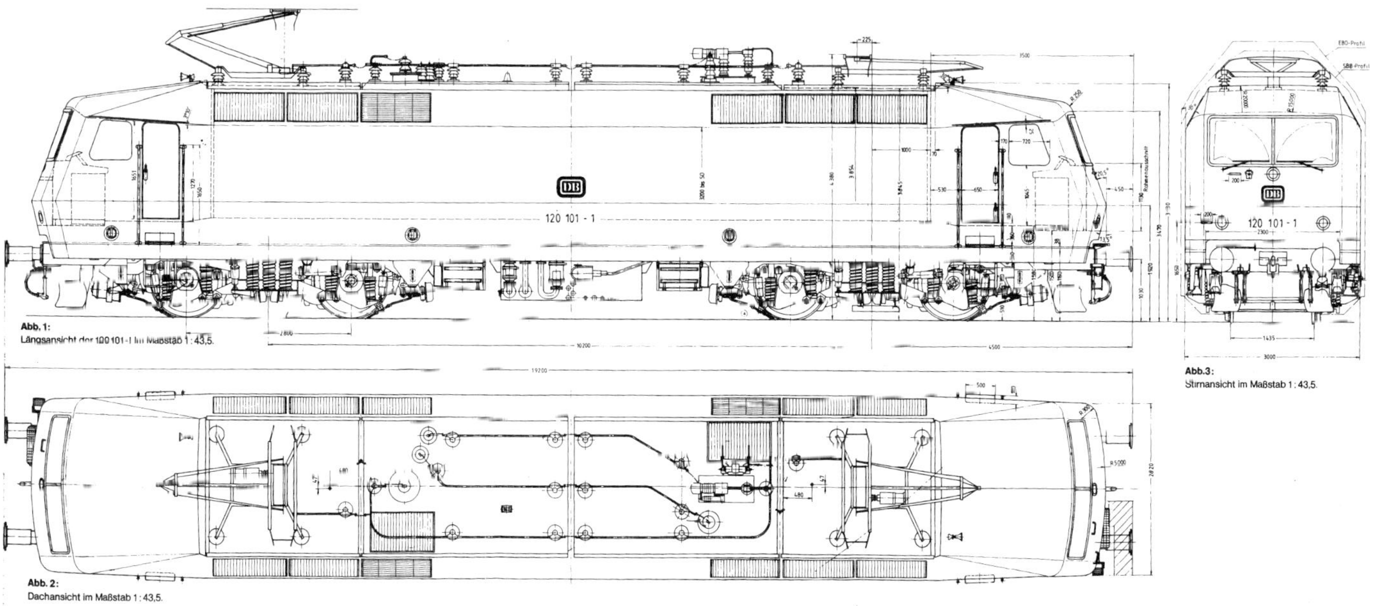

Abb. 1:
Längsansicht der 120 101-1 im Maßstab 1:43,5.

Abb. 3:
Stirnansicht im Maßstab 1:43,5.

Abb. 2:
Dachansicht im Maßstab 1:43,5.

Zu den ersten fertiggestellten Serienloks zählte 120 102, die am 18. Oktober 1987 auf einer Fahrzeugausstellung im Stuttgarter Hauptbahnhof präsentiert wurde. *Foto: M. Dostal*

zu Thyssen-Henschel nach Kassel und Krupp in Essen transportiert wurden.

Mit dem Zusammenbau des Lokkastens hatte Krauss-Maffei einen mühseligen Teil der Fertigung zu übernehmen. Die von Krupp entwickelten, aber bei Thyssen-Henschel gefertigten Höckerbleche (Kapitel 6.5.1.) für die Seitenwände wurden in der Serie mit Tectyl vor Korrosion geschützt. Nachdem die Bleche mit dem Lokkasten verschweißt worden waren, wurden sie von unten vollständig mit dem Mittel druckbefüllt und später entleert. Der Tectyl-Anteil, der auf der Innenseite der Höckerbleche haften blieb, erfüllte die ihm zugedachte Aufgabe zwar zufriedenstellend. Aber es dauerte mehrere Tage, die Bleche vom überschüssigen Rest des allem Anschein nach zähflüssigen Mittels zu befreien – während dieses Vorgangs standen unter den Lokkästen zahlreiche Eimer. Das war mühselig, das Verfahren insgesamt nicht ungefährlich, denn in der Trockungsphase dünstet Tectyl entzündliche Gase aus. Vermutlich liegt es daran, dass man für spätere Lokomotivreihen statt der Höckerbleche andere Lösungen fand. Schwank am Rande: Während eines Fertigungsbesuchs durch Vertreter der DB und der beteiligten Firmen konnte die Pumpe, die das Tectyl in die Höckerbleche drückte, nicht rechtzeitig abgeschaltet

Erinnerung an eine unvergessene Zuggattung: Am 9. September 1992 bringt 120 119 den Interregio 2196 von Stuttgart nach Karlsruhe. Die Aufnahme entstand bei Berghausen (Pfinztal). *Foto: M. Dostal*

werden; ein Teil der Flüssigkeit schoss aus den Entlüftungsöffnungen am oberen Ende der Seitenwand und hinterließ auf der Bekleidung der Besucher sichtbare Spuren.

Mit den übrigen Komponenten praktizierte man dieselbe Arbeitsteilung: Der verantwortliche Hersteller produzierte die Teile für 60 Loks, von denen jeweils ein Drittel an die Systempartner ging. Von Krauss-Maffei stammten die Lüftungsgitter, die Gerüste für die Hauptstrom-Schaltgeräte, das Hilfsbetriebegerüst, das Steuerstromgerüst und das für den Kompressor. Bei Krupp entstanden Führertische, Dachhauben sowie die Gerüste für Drossel und Wandler, die Fahrmotorlüfteruntersätze und die Hochspannungsdurchführung. Thyssen-Henschel schließlich fertigte die Einstiegs- und Maschinenraumtüren, Bahnräumer, Batteriebehälter und die Druckluftgerätetafel.

Der Viadukt in Bietigheim gehört zu den beliebten Fotomotiven im Raum Stuttgart. Am 14. März 1991 überfährt eine Lok der Baureihe 120 das eindrucksvolle Bauwerk mit dem Eurocity Wörthersee. *Foto: M. Dostal*

Stirn- und Seitenfenster, die Fußböden des Führerraums sowie die Bodenbleche des Maschinenraums und die an dessen Seitenwänden montierten Kabelkanäle subsumierte man unter »Rest und Montage«.

Bei den Drehgestellen führte man die Trinitas der Mechanbauer fort: In München bei Krauss-Maffei entstanden Teile der Radsatzfederung und -führung sowie der Anlenkung am Lokkasten. Diese wurden, wie die von Thyssen-Henschel produzierten Radsätze und die Bremstechnik, zu Krupp nach Essen geliefert, wo man daraus sowie aus den im Haus gebauten Rahmen die Drehgestelle komplettierte.

Erst, nachdem die wesentlichen mechanischen Komponenten an den Produktionsstandorten von Krauss-Maffei, Krupp und Thyssen-Henschel montiert waren, konnte die Elektroinstallation beginnen. Bei Krauss-Maffei waren Techniker von Siemens für den Einbau aller elektrischen Komponenten zuständig – auch derer, die von AEG und BBC kamen. Bei Krupp kümmerten sich Monteure von AEG um den Elektrik-Einbau, die Elektriker von BBC arbeiteten bei Thyssen-Henschel an der BR 120. Erst bei der Abnahme und Inbetriebnahme im AW München-Freimann waren Mitarbeiter aller beteiligten Elektro-Lieferanten anwesend. Dies hatte man so auch schon beim Bau der S-Bahn-Triebzüge der Baureihe 420 praktiziert.

Ein potentielles Problem dieser Kreuz- und Quer-Lieferketten scheint sich beim 420 nicht gravierend bemerkbar gemacht zu haben, bei der Baureihe 120 dafür umso mehr: Mitarbeiter jedes beteiligten Herstellers schoben die Verantwortung bei technischen Problemen und Defekten gern weiter. Walter Rappenglück, damals beim BZA, schildert den Fall eines Schadens am Halbleiterventil eines Phasenbausteins an einer in AEG-Verantwortung gefertigten Lokomotive: »Der Vertreter der AEG verwies die DB an die Firma Siemens, da diese den Schrank geliefert hat und diese wiederum lokalisierte den Schaden im Lieferanteil der Firma BBC. Der Zeit- und mitunter auch Nervenaufwand ist den DB-Dienststellen auf Dauer nicht zuzumuten.«

Auf dem Weg zur Serien-120: wichtige Änderungen gegenüber den Prototypen	
Änderung	Anlass
Mechanteil	
Ausrüstung für Stromabnehmer mit drei oder vier Stützen	Option, verschiedene Typen zu verbauen
Sandkästen von den Drehgestellen in das Untergestell verlegt	größerer Sandvorrat, leichtere Wartung/Instandhaltung
Schutzbleche über Rädern 2 links und 3 rechts	bessere Abschirmung der Olkühler vor Funkenflug
Verlagern von elektrischen Leitungen außerhalb der Drehgestelle	bessere/schnellere Wartung/Instandhaltung
Modifikation der Radsatzlagerabdichtungen, Messfühleranordnung und der Erdungskontakte	Umsetzung von in der Erprobungsphase erkannten Optimierungsmöglichkeiten
Druckertüchtigung der Führerstände	Eignung für Hochgeschwindigkeitsverkehr auf tunnelreichen Neubaustrecken
Verzicht auf Höckerblech in Bodengruppe	liegendes Höckerblech ließ sich schlecht konservieren
Modifikation der Füll- und Steigrohre der Seitenwände	Befüllung mit Konservierungsmittel Tectyl einfacher
Abkehr vom TEE-Farbschema	Einführung des damals aktuellen Farbschemas der DB
modifizierte Steuerventile und Druckluftgerätetafel	Optimierungen, Umsetzung neuer Normen
Führerbremsventilanlage	neuere, weiterentwickelte Technik verfügbar
Änderungen an Gerüsten; kleinere Anpassungen im Maschinenraum	wurden nach Änderungen im elektrischen Teil notwendig
Elektrischer Teil	
Läuferwicklung und Lagerabdichtung der Fahrmotoren verstärkt	für die Serien-Höchstgeschwindigkeit von 200 km/h für notwendig erachtet
Abdichtungen von Hohlwellenlager und Getriebegehäuse modifiziert	Umsetzung von in der Erprobungsphase erkannten Optimierungsmöglichkeiten
Antriebshohlwelle verstärkt	bessere Haltbarkeit/Betriebsfestigkeit
Winkelsteckeranschluss statt Kabeleinführung am Haupttrafo	leichtere Montage
Motorvordrosseln geändert	Umsetzung von in der Erprobungsphase erkannten Optimierungsmöglichkeiten
Neuere Technik im Stromrichter	Erkenntnisse aus der ICE-1-Triebkopfentwicklung/technischer Fortschritt
Ausstattung mit zeitmultiplexer Doppeltraktionssteuerung (ZDS)	36-adriges Steuerkabel nicht mehr nötig
Ausstattung mit automatischer Fahr- und Bremssteuerung (AFB, »Tempomat«)	höhere Pünktlichkeit, niedrigerer Stromverbrauch
Ausstattung mit linienförmiger Zugbeeinflussung (LZB)	Voraussetzung für Regeleinsatz auf Hochgeschwindigkeitsstrecken

120 112 rangiert am 6. Februar 1988 im Nürnberger Hauptbahnhof. *Foto: G. Pettinger*

Erst, nachdem eine Lok in allen Teilen bestückt und im Prinzip funktionsfähig war, wurde sie lackiert – der damaligen DB-Geschmacksverirrung entsprechend in Orientrot mit lichtgrauen Lätzchen. Aktuell folgt man beim Lok- dem Automobilbau, das heißt, die zu lackierenden Mechanteile erhalten zuerst die Farbe; dann montiert man die Ausrüstung. Während man den Vorserienloks noch eine glattgespachtelte Oberfläche gönnte, verzichtete man bei den Serienloks darauf, womit man rund 80 kg Gewicht sparte. Allerdings sehen deswegen auch perfekt lackierte 120er bei für sie nachteiligem Licht immer ein wenig verbeult aus.

Alle Loks – auch die bei Krupp und Thyssen-Henschel gebauten – mussten im AW Freimann in Betrieb genommen werden, weil Krupp und Thyssen-Henschel zu jener Zeit in ihren Werken noch keine Oberleitung mit Bahnstrom zur Verfügung hatten. Diese Firmen waren über Jahrzehnte Spezialisten für Dampf- und Diesellokomotiven.

Übersicht Lieferanteile DB-Baureihe 120		
elektrische/elektronische Ausrüstung		
Komponenten	Anzahl	Lieferant (abweichender Hersteller)
Stromabnehmer	2	Siemens
Trennschalter	2	AEG/Siemens
Haupttransformator	1	AEG/Siemens
Kondensatorbatterien für Saugkreis	2	Siemens
Störstromfilter	1	BBC
Stromrichtereingangsschutz	2	AEG/Siemens
Stromrichter (ohne Phasenbausteine)	4	Siemens
Phasenbausteine für Vierquadrantensteller	8	BBC
Phasenbausteine für Wechselrichter	12	BBC
Fahrmotoren	4	AEG
Fahrmotorlüfter	4	Siemens
Fahrschalter	2	AEG
Motorvordrosseln	4	AEG
Schütze für Motorvordrosselüberbrückung	8	AEG
Getriebe	4	Siemens
Hohlwellen-Gummigelenk-Kardanantriebe	4	AEG/Siemens
Elektronikschränke (ES)	4	BBC
ES-Wärmetauscher	4	BBC
Luftpresser-Motor	1	AEG
Ölkühlanlage	2	AEG/BBC/Siemens (Behr)
Hilfsbetriebeumrichter (HBU)	3	AEG
HBU-Lüfter	3	AEG
HBU-Zwischenkreisdrosseln	3	AEG
Batterieladegerät (BLG)	1	AEG
Luftdrossel für BLG	1	AEG
Lüfter für BL	1	AEG
Bremssteller	2	Siemens
Druckluftschnellschalter	1	BBC
Heizschütz	1	DB (Kiepe)
Hilfsluftpresseraggregat	1	AEG (Bosch)
Kondensatorbatterien	2	Siemens
Kupplungsdosen	4	AEG
Trenntrafo	1	AEG
Wechselrichter (WR)	1	AEG
WR-Trafo	1	AEG
Zugheizungs-Verbindungskabel	1	AEG
Indusi	diverse Kleinteile	DB (Siemens)
LZB	diverse Kleinteile	DB (SEL/Siemens)
Lautsprecher	diverse Kleinteile	DB (Neumann)
Zugfunk	diverse Kleinteile	DB (AEG/Telefunken)

Mit einem aus klassischem Wagenmaterial bestehenden IC am Haken erwartet 120 120 am 6. Februar 1988 in Nürnberg die Abfahrt. *Foto: G. Pettinger*

10.1 Die Änderungen gegenüber der Vorserie

Viele Detailänderungen listet die Tabelle auf Seite 120 auf. Einige Abweichungen von der Vorserie wollen wir aber ausführlich erläutern.

10.1.1 Lufttrocknungsanlage

Die Kompressoren der Druckluftanlage hatten sich als rostanfällig entpuppt. Die Hochdruckteile der Geräte korrodierten. Eine Lufttrocknungsanlage verhindert dies in der Serie und schützt vor der Bildung von Eis, was die Einsatzfähigkeit der Lok bei winterlichen Temperaturen sichert.

10.1.2 Stromabnehmer

Für die Serie wechselte das Erbauerkonsortium vom Siemens-Einholm-Modell SBS 80 AL auf den SBS 81. Dabei handelte es sich um einen konventionellen Stromabnehmer aus Stahl, der sich nach den verfügbaren Unterlagen im Wesentlichen durch den anderen Werkstoff vom Vorgänger unterscheidet. Wie andere Stahlkonstruktionen muss auch der SBS 81 lackiert werden. Warum man auf die Standardkonstruktion wechselte, lässt sich nicht mehr rekonstruieren – vermutlich war der SBS 81 deutlich günstiger.
Außerdem wurde das Lokdach so ausgestattet, dass es Stromabnehmer mit Drei- wie Vierpunktabstützung aufnehmen konnte. Schließlich schuf man Platz für zusätzliche Stromabnehmer, etwa für Messzwecke.

Übersicht Lieferanteile DB-Baureihe 120	
Mechanteil	
Kasten (Rohbau)	Krauss-Maffei
Untergestell	Thyssen-Henschel
Drehzapfenlager mit Lenker	Krauss-Maffei
Seitenwände	Thyssen-Henschel
Dächer	Krupp
Lüftungsgitter	Krauss-Maffei
Führerraumhohlbau	Krauss-Maffei
Führertisch	Krupp
Außentüren	Thyssen-Henschel
Maschinenraumtüren	Thyssen-Henschel
Schienenräumer/Schneepflug	Krauss-Maffei
Rahmen Drehgestell	Krupp
Bremsausrüstung Drehgestell	Krupp
Montage Drehgestell	Krupp
Radsätze	Thyssen-Henschel
Radsatzlager	Krupp
Gerüste 15/16 (Saugkreiskondensatoren, Fahr-/Bremsumschalter, Wandler)	Krauss-Maffei
Gerüst 17 (Schütze und Wandler)	Krupp
Gerüst 18 (Fahrmotorlüfter,Basisgerüste)	Krupp
Gerüst 19 (Hochspannungseinspeisung)	Krupp
Gerüst 21 (Hilfsbetriebe, Batterieladegerät)	Krauss-Maffei
Gerüst 41 (110-V-Versorgung, Automaten)	Krauss-Maffei
Druckluftgerüst	Thyssen-Henschel
Batteriebehälter	Thyssen-Henschel
Endfertigung	Krauss-Maffei/Krupp/Thyssen-Henschel

Mit einer Interregio-Garnitur rangiert 120 141 am 23. Juni 2000 in Kaiserslautern. *Foto: G. Pettinger*

10.1.3 Erdungsschalter

Dieser in der Vorserie nicht vorhandene Schalter schützt bei Arbeiten am Hochspannungsteil der Lok das Personal. Er ist im Lokdach platziert und wird mit dem Griff des Stromabnehmer-Einstellventils betätigt. Diesen Griff kann man nur abziehen, wenn beide Stromabnehmer abgebügelt sind. Die Schutzwirkung ergibt sich, weil der Schalter sowohl die Bahnstromseite als auch die Verbindung zwischen Hauptschalter und Trafoeingang über die Räder erdet.

10.1.4 Drehgestelle

Die Streusandkästen verlagerte man in der Serie aus den Drehgestellen in den Lokrahmen, gab ihnen mehr Fassungsvermögen und stattete sie mit Sichtgläsern aus.

10.2 Änderungen in der Serie

In einigen Punkten wurde die DB von bahntechnischen Entwicklungen überholt – manches, was zum Ende der 1980er Jahre zwingend wurde, war während der Auftragsvergabe nicht absehbar. Oft waren die Änderungen aber auch Folge der allzu menschlichen Eigenschaft, manche Dinge erst zu sehen, wenn es zu spät ist.

10.2.1 *Druckdichtes Führerhaus*

Wichtigster und kompliziertester Punkt war die Druckertüchtigung der Führerstände. Bei der Konzeption der Baureihe 120, die ja ins Jahr 1976 zurückreicht, war Hochgeschwindigkeitsverkehr auf eigens dafür gebauten Pisten in Deutschland ein Randthema. Das japanische Shinkansen-Netz kannte man natürlich – darauf fährt man aber mit dedizierten Triebzügen und völlig isoliert vom restlichen, schmalspurigen Schienennetz. Schon die erste europäische Schnellfahrstrecke, die »Direttissima« Florenz – Rom in Italien, wurde erst 1977 eröffnet, also nach Beginn der Planung an der BR 120. Und erst 1979 ging der erste, rund zwölf Kilometer lange Abschnitt der Schnellfahrstrecke Hannover – Würzburg in Betrieb, die Pläne fürs ICE-Netz nahmen Gestalt an. Nun wurde klar, dass auf den tunnelreichen Neubaustrecken auch lokbespannte Züge verkehren sollten.

Das dafür gewünschte Tempo 200 hatten die Ingenieure der Baureihe 120 in die Wiege gelegt. Aber wenn die

Fertigung des Mechan-Teiles für die Serienlokomotiven bei Krauss-Maffei.

Foto: Werkaufnahme Krauss-Maffei / Archiv transpress

Maschinen die Strecken im Regelbetrieb befahren sollen, muss das Lokpersonal vor dem unangenehmen und zumindest potentiell gesundheitsschädlichen Druckschwankungen geschützt werden, die bei Ein- und Ausfahrt in Tunnel sowie Zugbegegnungen auftreten.

Nun mussten die Eingangstüren wie die zum Maschinenraum abgedichtet werden, wozu etwa die Verriegelung modifiziert wurde. Für die Scheiben der Türen gelang dies nur durch aufblasbare Gummiwulste – damit die sich mit Pressluft füllen, muss der Lokführer einen Schalter drücken. Viele in der Originalkonstruktion undichte Stellen, darunter viele Rohr- und Kabeldurchführungen in den Maschinenraum, machten Probleme. Besonders arbeitsintensiv zeigte sich die Wand zwischen Führer- und Maschinenraum: Deren Blech wurde von rund 1000 Blindnieten gehalten, die samt und sonders undicht waren und mit dauerelastischer Masse verschlossen werden mussten. Für die Ingenieure zunächst rätselhaft: Bei Tests des Führerraumes 1 entwich Luft aus Führerraum 2. Erst nach längerer Suche konnten sie die Rohre zur Entwässerung der Seitenfenster als Verursacher dingfest machen. Entgegen den Bauplänen waren sie nicht dicht in die Langträger eingeschweißt worden. Auch durch die Gehäuse der Stirnlampe drang unerwünscht Luft in die Kabine.

Neben diesen passiven Maßnahmen wirkte man den Druckschwankungen in den Führerräumen aktiv entgegen durch Hochdruckventilatoren, die dank sehr steiler Kennlinien extrem flink den Über- oder Unterdruck bei Tunnelfahrten ausgleichen.

Zur Kontrolle der ergriffenen Maßnahmen wurden die Führerräume mit einem Überdruck von 4000 Pascal beaufschlagt, nach Abstellen der Luftzufuhr wurde gemessen, wie lange es dauerte, bis der Wert um 1000 Pascal gesunken war. Erlaubt waren 40 Sekunden. Vor der geschilderten Suche nach undichten Stellen war schon nach acht Sekunden buchstäblich die Luft raus; nach den Umbauten hielt sich der Druck 50 Sekunden. Von Anfang druckdicht war die Baureihe 120[1] ab der Seriennummer 120 130, alle anderen Serienlokomotiven rüstete man nach.

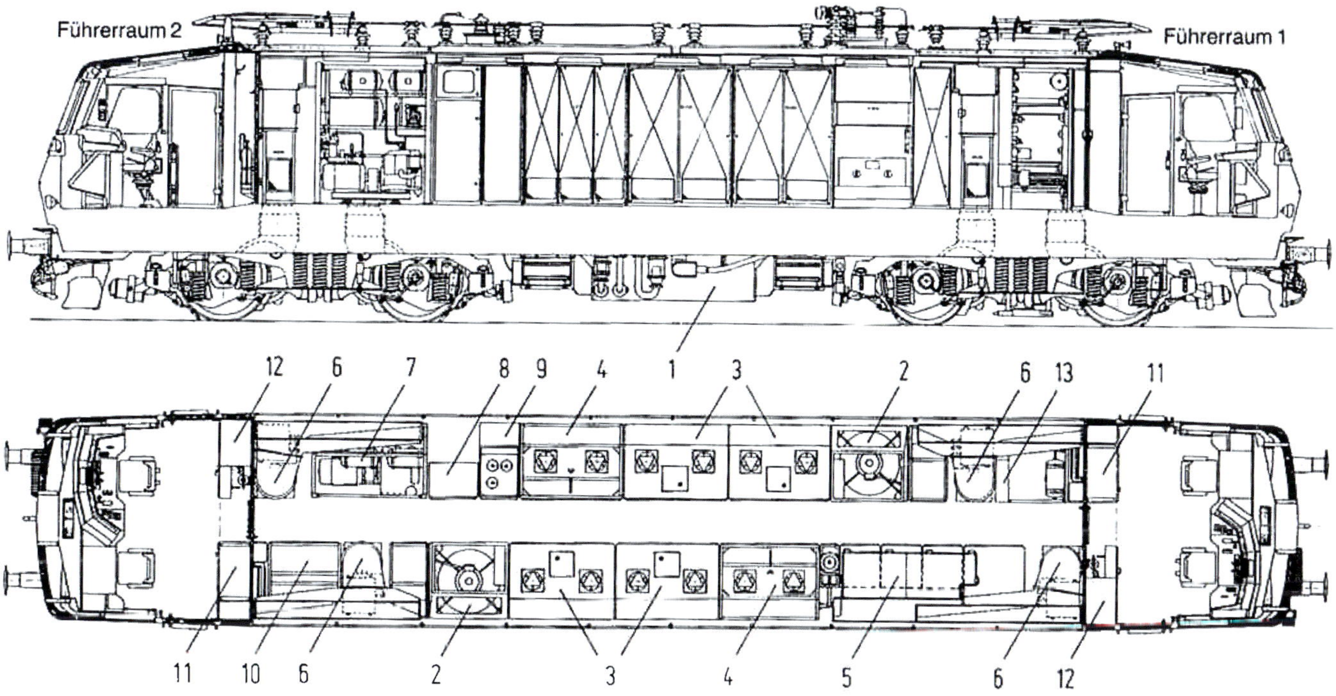

1 Haupttransformator
2 Ölkühler
3 Stromrichter
4 Hauptstrom-Schaltgeräte u.a.
5 Hilfsbetriebe-Umrichter
6 Fahrmotoren-Lüfter
7 Luftpresser u.a.
8 LZB
9 Störstromfilter } urspr. Bremswiderstand
10 Steuerstrom-Geräte
11 Elektronik Fahren-Bremsen
12 Elektronik Relais, Netzgeräte u.a.
13 Bremsgeräte

Geräteanordnung der Serienlokomotiven der Baureihe 120. *Zeichnung: DB*

10.2.2 Notbremsüberbrückung

Ebenfalls im Zusammenhang mit der Ertüchtigung der Baureihe 120[1] für die Fahrt auf Neubaustrecken steht die durch den Lokführer mögliche Entriegelung der Notbremse (»Notbremsüberbrückung«, NBÜ). Der klassische Reisezug steht, sobald ein Fahrgast die Notbremse zieht, eine Weiterfahrt kann der Lokführer frühestens einleiten, wenn der Zug zum vollständigen Halt gekommen ist. Auf den Bahnstrecken aus den Gründertagen der Eisenbahn ist diese Vorgehensweise sinnvoll – in Deutschland war bis zur Eröffnung der Neubaustrecken der gerade einmal vier Kilometer lange Kaiser-Wilhelm-Tunnel bei Cochem an der Mosel die längste Gleisröhre. Mit den ICE-Neubaupisten sind auch auf deutschen Gleisen Tunnel mit einer Länge von mehr als zehn Kilometern Alltag, der im Bau befindliche Fehmarnbelttunnel soll fast 18 Kilometer lang werden. Auch Brücken überspannen auf den Neubaustrecken weit größere Distanzen als auf den meisten Bestandsstrecken. Auf beziehungsweise in solchen Bauwerken wäre ein Nothalt unsinnig und gefährlich. Gerade bei einem Brand im Tunnel ist es wesentlich sinnvoller und sicherer, Fahrgäste und Zug aus der Gefahrenzone zu bringen.

Dazu muss das Lokpersonal aber die Notbremse auf den kritischen Streckenabschnitten abschalten können, wozu nachträglich die NBÜ auf allen Loks der BR 120 installiert wurde.

10.2.3 Steuerung für elektropneumatische (ep) Bremsen

Die konventionellen Druckluftbremsen von Reisezugwagen sind an die Ausbreitungsgeschwindigkeit eben dieser Druckluft in der Hauptluftleitung von rund 280 m/s gebunden. Bei langen Zügen wird dies zu einem Problem, denn die Bremsen der einzelnen Wagen reagieren nicht gleichzeitig. Reisezugwagen, die für Geschwindigkeiten jenseits von Tempo 160 zugelassen sind, benötigen deshalb eine elektropneumatische Bremsvorrichtung. Dabei wird die Bremse nach wie vor per Druckluft betätigt, der Bremsbefehl aber nicht durch deren Luftstrom transportiert, sondern elektrisch. Dadurch reagiert die pneumatische Bremse schneller und vor allem in allen Wagen gleichzeitig. Die Serienloks der BR 120 wurden mit der entsprechenden Steuerung ausgerüstet. Technisch wäre es nicht zwingend – aber in der Praxis kombiniert man NBÜ mit ep-Bremse.

10.2.4 Motorenoptimierung

Die Grundform des in der BR 120 verwendeten Drehstrom-Asynchronmotors hatte BBC in Mannheim entwickelt; wegen der DB-üblichen Aufteilung der Aufträge fertigte aber AEG die Motoren der Serienloks. An denen wurde im Laufe der Fertigung ein wichtiges Detail optimiert. Zwar ist der Drehstrom-Asynchronmotor grundsätzlich leicht und robust – dennoch konnten sich Resonanzen aufschaukeln und dadurch Stäbe des Käfigläufers zwischen dem Ende des Eisenblechpakets und dem kupfernen Kurzschussring brechen. Um dies zu verhindern, wurde zwischen je zwei gebogene (»gekröpfte«) Stäbe jeweils ein gerader in die beiden Kurzschlussringe eingesetzt. Diese seinerzeit patentierte Anordnung wird noch heute verwendet. Eine kleinere, im Laufe der Wartung an allen Loks angewandte Änderung betraf die Tränkung der Isolation.

10.2.5 Änderung am Getriebe

Wir haben bereits auf den ersten Seiten dieses Buchs erfahren, dass die Baureihe 120 als Universallokomotive entwickelt worden war. In diesem Kapitel lernten wir, dass bis zur 30. Serienlok die Führerhäuser nicht druckertüchtigt waren. In ihren ersten Jahren sollten die Loks deshalb hauptsächlich Güterzüge fahren. Mit der Druckertüchtigung und dem Aufkommen des Schnellverkehrs wollte die DB die 120 zunehmend vor den Intercityzügen auf Neubaustrecken nutzen, das von Anfang an mögliche Tempo 200 auch im Alltag ausfahren. Das ging natürlich schon mit dem ursprünglich gebauten Getriebe. Dessen Übersetzung von 4,82 war aber noch auf Anfahrstärke, also (schwere) Güterzüge optimiert. Mit einer Übersetzung von 4,12 wollte man die Fahreigenschaften der Loks für den oberen Geschwindigkeitsbereich verbessern; sie sollten schneller die maximale Reisegeschwindigkeit erreichen. Selbstverständlich war man sich darüber im Klaren, dass dies die Anfahrfähigkeiten mit schwerer Last am Haken mindern würde.

Folgerichtig erhielt die Baureihe 120 ab der Seriennummer 136 ein geändertes Getriebe mit der 4,12-Übersetzung. Auch der Getriebekasten wurde dabei geändert. Vor der Verwendung in der Serie war es in der Vorserienlok 120 001 erprobt worden.

Beim Vergleich von 120 005 und modifizierter 120 001 auf der Strecke Pressig-Rothenkirchen – Steinbach am Wald hatte auch die mit dem neuen Getriebe ausgestattete 120 001 keine Mühe, einen schweren Güterzug aus dem Stand zu bewegen. Unterschiede in der Zugkraft waren nicht reproduzierbar, auch mit dem neuen Getriebe hatte 120 001 noch einen Zugkraftüberschuss von 7 Kilonewton.

Faktisch hatte die DB damit zwei unterschiedliche Lokomotiven mit identischer Baureihenbezeichnung im Fuhrpark. Nach der Beobachtung von Eisenbahnfreunden fand die erwartete Nutzung der Loks mit »schnellerem« Getriebe vor Intercityzügen kaum und wenn, dann keinesfalls konsequent statt. Letztlich verpuffte die Bauartänderung im DB-Trott.

10.2.6 Zweite IS-Dose

Doppeltraktion und Wendezugbetrieb werden bei der DB über die zeitmultiplexe Doppeltraktions- beziehungsweise Wendezugsteuereung (ZDS/ZWS) realisiert. Die dafür benötigten Signale transportiert ein UIC- oder IS-Leitung (Integrierte Serviceleitung) genanntes Bussystem. Ursprünglich befand sich auf der Front jedes Führerstands nur eine passende Steckdose. Da es gelegentlich zu Aussetzern kam, installierte man eine zweite Dose. Damit kam über die jeweils rechten Puffer auch ein zweiter Trittrost, damit das Rangierpersonal den Kontakt überhaupt erreichen konnte.

Als 120 134 am 12. Juni 1988 mit ihrem IC in Nürnberg Hbf auf die Abfahrt wartete, waren die vollklimatisierten Großraumwagen 2. Klasse der Gattung Bpmz, von denen zwei Exemplare direkt hinter der Lok liefen, noch nagelneu. Foto: G. Pettinger

11. Der Alltag: Begeisterung und Trübsal

Als erstes Exemplar aus der Serie wird 120 103 bei Kraus-Maffei fertig – am 13. Januar 1987, etwas mehr als zwei Jahre nach Erteilung des Auftrags. Dies wird im AW München-Freimann gebührend gefeiert – mit Vertretern von DB, Politik, Medien und der beteiligten Firmen. Die 120 104 lässt man gleich zweimal hochleben: Am 20. und 21. Juli 1987 bejubelt BBC mit ihr auf einer Sonderfahrt und am Standort Mannheim die Lieferung der 750. elektrischen Ausrüstung für eine Lok der DB.

Die erste Serienlok 120 103 hält am 30. Mai 1987 mit einem Sonderzug in Graben-Neudorf. Foto: M. Dostal

11.1 Planeinsätze

Wirklich in Betrieb genommen wird 120 103 zusammen mit den ersten Exemplaren der von Krupp/AEG (102) und Krauss-Maffei/Siemens (101) gelieferten Loks im AW München-Freimann. Dies ist auch als Hauptwerkstatt der Loks vorgesehen. Beheimatet werden die Serienloks hingegen fürs Erste im Rangierbahnhof (Rbf) Nürnberg, wo das Personal für die neue Baureihe geschult wird. Insgesamt 30 Maschinen, also die Hälfte des Gesamtauftrags, werden bis Ende 1987 fertig (siehe Tabelle Seite 166); die Endabnahme der letzten Modelle des Jahres dauert aber bis ins Jahr 1988. Je drei Loks soll die Industrie pro Monat liefern, Ende 1988 alle 60 Loks produziert sein. Die Tabelle zeigt, dass dieses Ziel verfehlt wird – die letzten drei Loks werden erst Ende 1989 vollendet.

Anfangs verzögern technische Probleme, die trotz der vier Jahre dauernden Vorserientests erst im Planeinsatz zutage treten, die Auslieferung; in der Serie änderte man Bauteile (siehe Kapitel 10). Dass die letzten drei Loks deutlich später als geplant und von der DB gewünscht fertig werden, liegt aber an einem Feuer, das eine Kaffeemaschine im AW München-Freimann am 11. April 1989 auslöst. Der Rauch zieht die im Bau befindlichen 120 158, 159 und 160 stark in Mitleidenschaft; sie müssen wochenlang gereinigt sowie sämtliche Bauteile kontrolliert werden.

Schon zum Fahrplanwechsel des Frühsommers 1987 hat man die Baureihe 120 für den Regelbetrieb eingeplant. Probleme, unter anderem mit der Druckertüchtigung, vereiteln dies aber. Neben Mess- und Testfahrten sowie gelegentlichen Einsätzen vor Güterzügen ist aus diesem Zeitraum nur eine spektakuläre Fahrt überliefert: Gemeinsam mit dem ICE-Vorläufer (anfangs ICE/V genannt, siehe auch Seite 6/7) sollte 120 103 am 30. Mai 1987 mit einem IC am Haken die Neubaustecke Mannheim – Stuttgart per Parallelfahrt einweihen. Weil einer der ausnahmsweise im Führerstand mitfahrenden Entscheidungsträger den Knopf für die Sicherheitsfahrschaltung berührt, steht 120 103 schon kurz nach der Ausfahrt von Mannheim im Pfingstbergtunnel; die Parallelfahrt ist vorbei. Nur, weil im Zugschluss des ICE/V Personal mitfährt, kann dessen Lokführer verständigt werden, anhalten und der mit der 120 103 bespannte IC wieder auf Augenhöhe mit dem Versuchsfahrzeug gelangen.

Von Juli bis August werden 101 bis 105 vorläufig »endgültig abgenommen« – noch immer hakt die LZB. Deren Mucken vereiteln auch den Plandienst der 120[1] ab dem Winterfahrplan 1987 zum 27. September. Tatsächlich nimmt die DB die 22 bis dahin gebauten 120er erst im September und Oktober des Jahres ab – erst zu diesem Zeitpunkt sind die Probleme von LZB, Druckertüchtigung und einige Kleinigkeiten behoben.

Ab Januar 1988 teilt sich die erste Tranche von 120[1] Umläufe mit den in Hamburg stationierten Elloks der Baureihe 103, welche gerade erst mit LZB für Tempo 200 ausgestattet worden waren. Daneben übernehmen die 120[1] Güterzug-Plandienste der DB-Baureihe 151 auf der Nord-Südroute.

Am 27. Mai 1988 eröffnet ein mit 120 102 bespannter Sonderzug die Neubaustrecke Fulda – Würzburg. Der ICE war zu diesem Zeitpunkt immer noch Zukunftsmusik; für den Personenverkehr auf den Hochgeschwindigkeitspisten werden über 20 Serien-120er benötigt. Auch passende, ebenfalls druckertüchtigte IC-Wagengarnituren sind zu diesem Zeitpunkt noch rar. Ihrem Charakter als Universallokomotive entsprechend befördern die 120er nachts oft Güterzüge.

Trotz der Verzögerung durch das Feuer im AW München-Freimann werden die letzten der bestellten 120[1] im Laufe des Jahres 1989 an den Kunden DB übergeben. Beim Güterzugeinsatz der Loks gibt es immer noch Probleme mit Schleudern, so dass diese oft zusätzlich mit einer Ellok der Baureihe 151 fahren. Ab diesem Jahr verkehren 120er im Personenverkehr auf der linken Rheinseite. Ab dem Frühsommer-Fahrplanwechsel ziehen sie ICs von Hamburg-Altona über Köln, Koblenz und Mainz nach Stuttgart sowie die IC-Flotte von Stuttgart nach München. Dort und im Umland der bayerischen Landeshauptstadt erprobt der Verkehrsverbund München gemeinsam mit der DB den Einsatz von Doppelstockwagen als S-Bahn-Garnitur. Anders als die damalige Reichsbahn der DDR hatte sich die DB schnell wieder von Doppelstockwagen verabschiedet;

Erster Look: am Anfang in Orientrot mit Lätzchen

120 127 fährt am 21. Februar 1991 mit einem IC in den Stuttgarter Hauptbahnhof ein. Foto: V. Emersleben

Mit einem IC aus Richtung Hamburg erreicht 120 105-2 in Kürze den Bahnhof Kassel-Wilhelmshöhe (3. April 1992). Foto: V. Emersleben

»Großer Bahnhof« in Hamburg-Altona: Zum kleinen Fahrplanwechsel am 31. Mai 1992 startet hier erstmals der IC »Porta Bohemica«, dessen Eröffnungszug links mit DR-Diesellok 234 582 zur Abfahrt bereitsteht. Rechts wartet dagegen 120 118 mit FD 1981 »Königssee« nach Berchtesgaden (mit »Kinderland«-Wagen) auf Fahrgäste. Foto: V. Emersleben

In Orientrot und mit altem DB Logo präsentiert sich 120 139 am 1. April 1994 beim Halt mit einem südwärts fahrenden IC in Mainz Hbf. Foto: V. Emersleben

Als 120 106 am 21. August 1987 in Geislingen (Steige) mit einem Intercity hält, war sie noch fast fabrikneu.
Foto: M. Dostal

Die Feste Coburg bildet die eindrucksvolle Kulisse für 120 002 und den Eurocity Miramar. *Foto: Ch. Kissel*

Der Fernexpress FD 1981, der hier am 27. Juli 1992 die Werrabrücke bei Oberrieden überquert, gehörte zu den Standardleistungen der Baureihe 120. Foto: V. Emersleben

120 117 fährt am 5. Mai 2006 mit einem DB-Autozug nach München bei Dollstein durchs Altmühltal. Foto: V. Emersleben

die letzten waren 1977 ausgemustert worden. Zu der Zeit hat Talbot in Aachen für die Niederländische Staatsbahn gerade aus vier Wagen bestehende Doppelstockgarnituren fertiggestellt. Diese bilden mit 120 151 und 120 153 ein Sandwich – nur so glaubt man, die geforderte Beschleunigung erzielen zu können. Neben den für die Doppelstockwagen nötigen Scharfenbergkupplungen erhalten beide Loks die zeitmultiplexe Doppeltraktions- und Wendezugsteuerung. Vom 24. bis zum 26. Mai 1989 fahren die Züge zwischen Geltendorf und Ebersberg auf der S 4, nach einem Pressetermin in München wieder ab dem 28. Mai bis zum 21 Juni. Am fünften Tag des Versuchs fallen einmal mehr beide Loks für einen Tag aus; ansonsten verläuft das Experiment störungsfrei, aber folgenlos. Zwar finden sich im DB-Fuhrpark aktuell wieder zahlreiche Doppelstockwagen und -triebzüge – Doppelstock-S-Bahnen gibt es aber immer noch nicht.

Zum Fahrplanwechsel auf das Jahr 1990 erreicht die Baureihe 120^1 endlich jene Verlässlichkeit, die Hersteller und DB gern von Anfang an gehabt hätten. In den Umlaufplänen ist der Einsatz von 46 Loks vorgesehen – 24 in drei Reisezugplänen und 22 in einem Güterzugplan.

Mit dem Frühsommer-Fahrplanwechsel 1991 sind die Neubaustrecken Hannover – Würzburg – Fulda und Mannheim – Stuttgart endlich über die gesamte Länge im Regeldienst befahrbar – noch stehen aber nicht alle der bestellten 60 ICE-Garnituren zur Verfügung. Die 120^1 wird also weiterhin auf den Schnellfahrstrecken gebraucht. Im Juni des Jahres startet die DB mit dem »InterCargoExpress« 160 km/h schnelle Nachtgüterzüge auf den Verbindungen Hamburg – München beziehungsweise Bremerhaven – Stuttgart – auch diese mit 120^1 im Vorspann. Zwar verkürzt der Fracht-Express die Fahrzeit auf den Relationen um jeweils zwei Stunden – im Übernachtverkehr entpuppt sich dieser Vorsprung aber als unwesentlich, weshalb der Dienst vier Jahre später eingestellt wird.

1992 stellt gleichzeitig den Höhe- wie Tiefpunkt der 120^1-Flotte dar: Überall dort, wo keine ICE verkehren, bespannen sie zusammen mit der Baureihe 103 die hochwertigen DB-Reisezüge – im wesentlichen die ICs. Die Lokomotiven sind die Kilometerfresser auf den Gleisen der DB – die damals fünf Jahre alte 120 101 hat im März 1992 1.338.810 km auf der Uhr. Die monatliche Laufleistung der Drehstromloks liegt im Durchschnitt bei 35.000 km; Spitzenreiter ist im März 1992 120 106 mit 42.118 km. Ob es mit diesen hohen Laufleistungen zusammenhängt, dass in diesem Jahr auffallend viele Ausfälle zu beklagen sind? Im September stehen mit 120 110, -131, -137, -142, -143, -154 und -156 gleich sieben Loks auf den Abstellgleisen des AW München-Freimann.

Mit dem Fahrplanwechsel zum 31. Mai 1992 sind für die Fahrt auf den Neubaustrecken alle bestellten ICE-Garnituren ausgeliefert, weshalb die 120^1 dort nicht mehr so häufig vor ICs zu sehen sind. Aber einige Wagengarnituren des 1988 begonnenen DB-Interregio-Projekts (IR) werden ebenfalls druckertüchtigt und sollen die Neubaustrecken befahren. Die Zuggattung war der moderne Nachfolger des D(urchgangs)-Zugs – mit mehr Halten als der IC, aber ähnlich komfortabel, einem als Stehkneipe (»Bordbistro«) eingerichteten Wagen – auf vielen Strecken aber kaum langsamer als die ICs und günstiger. Obwohl formell unterhalb von IC und ICE angesiedelt, waren die Interregios sehr beliebt. Seit 1993 bespannten 120er IRs von Hamburg-Altona nach Oberstdorf sowie von Hildesheim nach Bremen, ab dem 29. Mai 1994 zieht die Baureihe 120 auch die IRs Frankfurt/M – Konstanz über die Schwarzwaldbahn, ab Mai 1995 IRs zwischen Ulm und Karlsruhe beziehungsweise Saarbrücken. Da die ersten für IRs (und später ICs) tauglichen Steuerwagen erst ab diesem Jahr ausgeliefert werden, fahren die Züge auf der Relation nach Saarbrücken noch im Sandwich, also an beiden Enden mit einer 120^1 bespannt.

Ab 1996 bekommt die Baureihe 120^1 Konkurrenz aus dem Stammhaus: Mit der Baureihe 101 ergatterte ABB-Henschel (BBC hatte mit der schwedischen Asea fusioniert, die neue Firma wurde ABB genannt und übernahm den Mechanteilbauer Henschel von Thyssen) den Auftrag für die zweite Generation der DB-Drehstrom-Universallokomotiven, die schon die nächste Stufe von Leistungshalbleiter-Bauelementen einsetzten, die abschaltbaren GTO-Thyristoren (siehe auch Kapitel 12.2). Die 101er lösen zwar zunächst im IC-Dienst die teilweise über

Seltenes Bild: die Baureihe 120 im Güterzugdienst

Mit einem Güterzug erreicht 120 126 am 7. April 1990 den Bahnhof Northeim. *Foto: M. Dostal*

Auf der Bahnstrecke München – Ingolstadt ist 120 153 mit einem Güterzug westlich von Unterweilbach unterwegs. Die Trasse wurde zwischenzeitlich großzügiger trassiert und auf die andere Ortsseite verlegt. *Foto: Ch. Kissel*

Ebenfalls zwischen München und Ingolstadt strebt 120 145 südlich von Röhrmoos mit ihrem Güterzug dem Zielbahnhof entgegen (1992). *Foto: Ch. Kissel*

ein Vierteljahrhundert alten Maschinen der Baureihe 103 ab. Aber auch die Einsätze der 120^1 verlagern sich zu IR-Linien sowie Urlaubsexpress- und Autoreisezügen; auch der Regionalverkehr wird wichtiger.

1998, elf Jahre nach ihrer Indienststellung, endet an 120 114 als erster Lok der Baureihe 120 die Lätzchenära. Sie erhält einen neuen, diesmal verkehrsroten Lack, dazu lichtgraue Frontbalken und ein durch Basaltgrau vom Lokkasten abgehobenes Fahrgestell.

In den Folgejahren bleiben Intercitys und Interregios der Schwerpunkt der Baureihe 120. Ab Dezember 2007 zieht die Baureihe 120 erneut Doppelstockzüge - diesmal nicht nur versuchsweise, sondern im Planverkehr: Ausgestattet mit Nahverkehrspaket, also Zugzielanzeiger und Türsteuerung, und umgezeichnet in Baureihe 120^2, fahren acht Loks als »Hanse-Express« mit bis zu 160 km/h zwischen Hamburg und Rostock - stationiert beim Bw Rostock. 2010 bespannen drei weitere, im Bw Aachen beheimatete, Maschinen den »Rhein-Sieg-Express« zwischen Aachen und Siegen. In den Folgejahren tauschen die Bws Aachen und Rostock regelmäßig Maschinen.

Spätestens seit der zweiten Hälfte der 2010er Jahre sinkt der Stern der Baureihe 120. An den teils ein Vierteljahrhundert alten Maschinen machen sich die Folgen des extremen Leichtbaus bemerkbar. Von den 60 einst gebauten Serienloks sind im Sommer 2022 nur noch drei tatsächlich fahrbereit - zwei davon bei DB-Konkurrenten. Nur 120 125 steht noch bei der DB im Stall - allerdings nicht im Plandienst, sondern bei DB Systemtechnik (siehe Tabelle S. 166).

11.2 Unfälle und Brände

In Europa ist die Bahn von allen erdgebundenen Verkehrsmitteln mit Abstand das sicherste. Dennoch ereignen sich auch hier Zwischenfälle - davon bleibt auch die Baureihe 120^1 nicht verschont.

Als erstes erwischt es von den Serienloks 120 121. Schon wenige Wochen nach der Abnahme wird sie am 11. März 1988 im Bw Seelze touchiert und von 140 533 zur Seite geschubst. Am 2. Juni desselben Jahres brennt 120 114 im Bw München Hbf, wobei Teile der elektrischen und mechanischen Ausrüstung zerstört werden. Die DB nennt als Ursache einen durch die Ölkühlung in einem der Stromrichter verursachten Brand. Nach der Erinnerung von Dr. Andreas Steimel (Kapitel 8) war die Ursache die unglückliche Verkopplung von Hauptschalter und Stromabnehmerabsenkung in der Lokomotivsteuerung. Von Seiten der DB wurde der Vorfall nie vollständig geklärt - überliefert ist aber, dass die Maschine zwei Jahre instandgesetzt wurde. An anderen Loks der Baureihe 120 geriet das Kühlöl der Stromrichter auch immer mal wieder in Brand, allerdings nie mit so verheerenden Folgen wie an 120 114.

In Europas größtem Rangierbahnhof Maschen bei Hamburg wird 120 154 am 11. Januar 1990 durch eine Flankenfahrt schwer beschädigt. Sie wird zunächst ins AW München-Freimann verbracht, dann ins AW Opladen, dient zeitweise als Ersatzteilspender und ist erst im März 1996 wieder in betriebsfähigem Zustand.

Im Jahr darauf - nach einer Quelle im Mai, nach anderer am 26. Juni 1991 - kollidiert durch eine Signalstörung an der Überleitstelle Lippoldshausen der von 120 111 gezogene InterCargoExpress (ICG) 52403 gegen 1.10 Uhr im Rauheberg-Tunnel auf der Neubaustrecke Göttingen - Kassel mit dem letzten Wagen des stehenden ICG 52401, wobei die Lok schwer beschädigt wird.

Wiederum zwei Jahre später vergisst der Lokführer von 120 125 mit dem Interregio 2193 am Haken bei der Einfahrt in den damaligen Stuttgarter Kopfbahnhof das Bremsen und demonstriert dergestalt die Funktionstüchtigkeit des Prellbocks am Gleisende. Elf Fahrgäste werden leicht verletzt, die Lok wird im AW Nürnberg repariert und ist 1995 wieder fahrbereit.

120 146 wird im Jahr 1996 Vandalismusopfer. Auf Schiebefahrt auf der Relation Düsseldorf - Köln überfährt der Steuerwagen des Zugs zunächst folgenlos eine auf dem Gleis abgelegte Betonplatte. Teile davon verhaken sich aber an der LZB-Antenne der Lok und beschädigen den Haupttrafo, wodurch Öl austritt, was das hintere Drehgestell und den Lokkasten in Brand setzt. Die Schäden werden im AW Opladen beseitigt.

Wichtige Stütze: die Baureihe 120 im Einsatz vorm Interregio

Auch die Neubaustrecke Mannheim – Stuttgart bietet attraktive Fotostandpunkte: 120 137 nähert sich im August 1994 dem Rollenbergtunnel mit einem Interregio in Richtung Mannheim. *Foto: Ch. Kissel*

Am 28. August 1992 bringt 120 146 den IR 2196 von Stuttgart nach Karlsruhe. Auf ihrer Fahrt passiert sie dabei Ersingen. Foto: M. Dostal

Mit einem klassischen Interregio rast 120 135 unweit des Betriebsbahnhofs Kraichtal in Richtung Mannheim über die Neubaustrecke Mannheim – Stuttgart. Foto: Ch. Kissel

120 142 erreicht am 1. August 2002 mit ihrem Interregio den Karlsruher Hauptbahnhof. Foto: Ch. Kissel

Die 120 148 fährt am 8. März 2013 bei Petershausen mit dem IC 2917 als Ersatzzug für den ICE 1521 von Nürnberg Hbf nach München Hbf. Foto: U. Miethe

Schnellfahrstrecke Hannover - Würzburg: Die 120 145 hat am 4. August 2013 mit dem IC 1995 (Hannover Hbf – Stuttgart Hbf) soeben die 1.450 Meter lange Fulda-Talbrücke bei Morschen überquert und fährt nun gleich in den 2.807 Meter langen Sengebergtunnel zu Füßen des Fotografen. Foto: U. Miethe

Die 120 144 hat am 6. September 2013 mit dem IC 2261 (Karlsruhe Hbf – München Hbf) kurz vor Amstetten die Geislinger Steige fast erklommen. Foto: U. Miethe

Die 120 205 der DB Regio durchfährt am 5. Juni 2010 mit dem Hanse-Express RE 3306 auf ihrer Fahrt von Rostock Hbf nach Hamburg Hbf den kleinen Haltepunkt Huckstorf südlich von Rostock. Foto: U. Miethe

Die Baureihe 120 im Einsatz bei DB Regio: 120 202 verlässt am 27. Juni 2008 den Hamburger Hauptbahnhof mit dem Hanse-Express (RE 1) nach Rostock Hbf. Foto: V. Emersleben

In Rostock Hbf wartet 120 205 (ex 120 121) am 7. Juli 2011 mit dem RE 1 auf die Abfahrt in Richtung Schwerin und Hamburg. Foto: V. Emersleben

Besuch im Werk der schweren Instandhaltung in Dessau am 27. November 2012, wo 120 204 (ex 120 128) eine Untersuchung IS 600 erhält. Dort war die Lok auch für ihren Einsatz bei DB Regio zwischen Rostock und Hamburg umgerüstet worden. Foto: V. Emersleben

Auf der Fahrt nach Süden über die Bahnlinie Hamburg – Hannover hält 120 124 am 17. Juli 2001 mit einem Interregio im Hundertwasserbahnhof Uelzen. *Foto: V. Emersleben*

Zufallsopfer eines Zwischenfalls wird am 29. März 2004 120 140 vor dem Nachtzug 1988 München – Hamburg. Während Bauarbeiten auf der Neubaustrecke Kassel – Fulda gerät der Signaldienstwagen 740 001 ins Rollen und fährt rund 8 km Richtung Fulda. Als dies bemerkt wird, kann der Fahrdienstleiter den ausfahrenden Nachtzug zwar per Nothalt stoppen, dennoch prallt der Messwagen mit etwa 40 km/h auf 120 140. Menschen kommen bei dem nächtlichen Unfall zwar nicht zu Schaden, aber der Zwischenfall kostet rund eine halbe Million Euro. 120 140 geht ins AW Nürnberg, wo ihr die Frontpartie der ausgemusterten 120 002 transplantiert wird. (Mehr zu den Vorserienloks im Kapitel 12).

Am 14. November des Folgejahrs touchiert die Rangierlok 363 714 in Hamburg-Langenfelde 120 110 – nach den verfügbaren Quellen mit geringem Blechschaden. Erst acht Jahre später ist wieder ein Zwischenfall zu verzeichnen: Am 5. September 2013 trifft 120 112 mit dem IC 2208 am Zughaken im Bahnhof Saalfeld mit dem Triebwagen 650 409 der Erfurter Industriebahn zusammen.

Zum Ende ihrer Einsatzzeit plagen die 120er-Serienloks vermehrt Brände: Am 27. Juli 2015 kokelt es in 120 130 mit dem IC 2300 bei der Ausfahrt aus dem Münchener Hauptbahnhof; 120 112 wird nach einem Brand im September 2017 abgestellt – wie auch 120 103 nach einem Feuer in Hamburg am 19. Mai 2018.

Rasende Werbefläche: die glatte Außenhaut als Vorteil

Der Modellbahnhersteller Märklin ließ mehrfach Loks der Baureihe 120 mit außergewöhnlichen Dekofolien bekleben, die so gestaltet als Modell erhältlich waren. Dazu zählte auch 120 139, die am 31. August 1997 München Hbf mit ihrem IC erreicht. *Foto: M. Dostal*

Die glatten Seitenwände der Baureihe 120 eigneten sich ausgezeichnet als Werbefläche, das erkannte auch das Land Baden-Württemberg: 120 118 am 2. April 2001 in Stuttgart Hbf. *Foto: M. Dostal*

120 151 warb von 1997 bis 2010 für das Zweite Deutsche Fernsehen. Am 21. Mai 2007 schiebt sie einen Intercity aus dem Stuttgarter Hauptbahnhof. *Foto: M. Dostal*

Die Designer von Märklin erdachten auch die farbliche Gestaltung von 120 159. Am 23. April 2010 bringt sie den IC 185 über die Gäubahn von Stuttgart nach Zürich. Dabei passiert sie auch den ehemaligen Haltepunkt in Stuttgart-Heslach. *Foto: M. Dostal*

Im Jahr 1998 lieferte der 70. Geburtstag von Micky Maus der Firma Märklin die Inspiration für die Gestaltung einer Lok der Baureihe 120. Diesmal traf es 120 119.
Foto: Dr. Bernhard Domagalski, Slg. M. Dostal

Auch eine bunte Weihnachtslok gab es: 120 129 posiert im Bahnhof Köln-Deutz für den Fotografen.
Foto: Dr. Bernhard Domagalski, Slg. M. Dostal

Durchfahrt in Großkorbetha: 120 151 mit der Werbelackierung »Der ZDFexpress« bringt am 21. September 2003 einen IC von Berlin über Halle (Saale) nach München. Im Hintergrund ist Leuna mit seinen chemischen Fabriken zu erkennen. *Foto: V. Emersleben*

Auch 120 112 erhielt zeitweilig eine neue farbliche Gestaltung der Firma Märklin. Am 10. Juli 2014 verlässt sie mit einem IC den Stuttgarter Hauptbahnhof. *Foto: V. Emersleben*

12. Die Vorserie als Versuchsträger

Mit dem Beginn der Serienproduktion der Baureihe 120 werden die fünf Vorserientriebfahrzeuge weder nutz- noch arbeitslos. Immer wieder springen sie im Plandienst für unpässliche Serienloks ein und bespannen oft Sonderzüge. Ihre wesentliche Funktion bleibt aber die eines Versuchsträgers – viele der in der Reihe 120^1 angewandten Änderungen (siehe Kapitel 10) erprobt man zunächst in der 120^0. In späteren Jahren dienen sie auch als Experimentalfahrzeug für die Technik kommender Lokomotivgenerationen. Interessant zu sehen: Obwohl die ausführenden Firmen damals in Konkurrenz stehen, setzt man ähnliche Ideen um – deren Zeit war einfach gekommen.

Mit einem Messzug rasen 120 002 und 120 003 im Mai 1988 in der Nähe von Stadelhofen über die nagelneue Schnellfahrstrecke Hannover – Würzburg. Das hohe Tempo dokumentiert die unübersehbare Staubwolke hinter dem Zug.

Foto: Ch. Kissel

12.1 120 001

Wir erinnern uns: Von den Prototypen war nur 120 005 ab Werk für eine Reisegeschwindigkeit von 200 km/h ausgelegt – alle anderen wurden für Tempo 160 konzipiert. Noch vor den Serienloks erhielt 120 001 das veränderte, für Höchstgeschwindigkeit optimierte Getriebe (Kapitel 10.2.5.) und wurde regelmäßig für Rekord- und Versuchsfahrten genutzt, wobei sie Geschwindigkeiten von mehr als 280 km/h erzielte. Die mit ihr durchgeführten Versuche flossen in die Entwicklung des ICE (damals ICE/V) ein und waren substantiell für den Hochgeschwindigkeitsverkehr in Deutschland. Für die Versuche wurde sie zeitweise in 752-001 umgezeichnet (siehe auch Tabelle S. 166). Am 21. April 1984 endeten die Vesuchsfahrten auf tragische Weise: Im Bahnhof Süßen (Baden-Württemberg, nahe der Geislinger Steige) prallten, nachdem eine Weiche falsch verkabelt worden war, 120 001 und ein – leerer – Regionalzug der Baureihe 426 zusammen. Dabei kam die Lokführerin des 426 ums Leben, der Lokführer der 752 001 konnte sich mit einem Sprung retten. 752 001 wurde so schwer beschädigt, dass sie an Ort und Stelle verschrottet wurde.

Die Vorserienlok 120 001 diente in ihren letzten Einsatzjahren als Bahndienstfahrzeug und wurde deshalb in 752 001 umgezeichnet. Am 25. September 2001 weilte die Maschine zu Wartungsarbeiten im Ringlokschuppen des Betriebshofes Nürnberg von DB Cargo. Bei einem Unfall im Bahnhof Süßen am 21. April 2004 wurde die Lok so schwer beschädigt, dass sie zerlegt werden musste. *Foto: V. Emersleben*

12.2 120 002

Die zweite der Vorserienloks diente auf zwei Feldern als Versuchskaninchen: Stromrichter und Schlupfregelung. Im Kapitel 9.3. war die unerwartete Schleuderneigung der Baureihe 120 bereits Thema. Durch Umbauten und Ergänzungen an der 120 002 versuchte man dieses Problem anzugehen. So wurden bei diesem Prototyp die Fahrmotoren nicht mehr parallelgeschaltet, stattdessen jede Achse einzeln angetrieben. Unterstützt wurde der Antrieb von einem für die damalige Zeit hochmodernen 32-Bit-Computer, der den Kraftschluss, also den Kontakt zwischen Rad und Schiene, regeln sollte. Eine solche Maßnahme hatte die DB noch wenige Jahre zuvor kategorisch ausgeschlossen. Letztlich durfte auch diese Maschine regulär mit Tempo 200 fahren, was sie im IC-Planbetrieb auch häufig tat.

Die Haupttrafos von Elloks mit Öl zu kühlen ist bis heute geübte, alternativlose Praxis. Obwohl dies für Laien zunächst brandgefährlich klingt, ist das Risiko überschaubar; der konstruktive Aufwand, um Brände gar nicht erst entstehen zu lassen, gering.

Anders sah es mit der Ölkühlung der Stromrichter aus, die, wie bereits im vorhergehenden Kapitel berichtet wurde, immer wieder Brände auslöste. Konsortialpartner AEG ging dieses Problem in der 120 102 auf zweierlei Weise an. Zunächst ersetzte man die ursprünglich verwendeten Thyristoren durch GTO-Modelle. GTO steht für »gate turn-off« (etwa: per Steuerelektrode (»gate«) abschaltbarer Thyristor). Die GTO-Fähigkeit hat für die Sicherheit und die den Thyristoren zuarbeitenden Schaltkreise günstige Eigenschaften, im konkreten Fall stach ein anderer ihrer Vorteile aber mehr: GTO-Thyristoren sind effizienter, erzeugen also weniger Abwärme, brauchen folglich weniger Kühlung. Dies zusammen mit anderen technischen Verbesserungen erlaubte es, Wasser statt Öl als Kühlmedium für die Stromrichter zu nutzen. AEG verwendete viel Energie darauf, die zunächst skeptisch beäugte Methode alltags- und havariefest zu machen, was auch gelang. Denn Wasser hat zwar ein besseres Kühlvermögen; problematisch ist aber seine elektrische Leitfähigkeit, also

Leipzig Hbf: Am 19. August 1995 brachte die Vorserienlok 120 002 einen IC aus München in die Messestadt.

Foto: V. Emersleben

Besondere Begegnung: Während einer Testfahrt als Versuchsträger begegnet 120 002 am 19. Oktober 1993 auf dem Berliner Außenring bei Priort-Satzkorn der DR-Lok 112 015, die mit einem Sonderzug für die Folge »Totes Gleis« aus der Serie Polizeiruf 110 unterwegs ist.

Foto: V. Emersleben

das fehlende Isoliervermögen. Dies hat man bei Fahrzeugstromrichtern durchgängig mit zusätzlichen, thermisch gut leitenden Isolierungen aus Aluminiumnitrid zwischen

Halbleiter und Kühler gelöst. Heute ist Wasserkühlung Standard: Die unter anderem von AEG aufgezeigten Maßnahmen verhindern Kurzschlüsse sicher; ein Leck schädigt die Umwelt nicht, Wasser ist nicht entzündlich.

Nach 21 Jahren Betrieb stellte die DB 120 002 im Jahr 2000 ab und verschrottete sie im Jahr 2005 – nachdem sie zuvor noch eine Front für 120 140 (Kapitel 11) spendete.

12.3 120 003

Zehn Jahre nach Auslieferung von 120 003 experimentierte Krauss-Maffei im Verein mit der DB und dem Bundesministerium für Forschung und Technologie (BMFT) mit alternativen Drehgestellen. Ziel der Versuche war es herauszufinden, ob durch radiale Lenkung der Radsätze der Verschleiß an Schienen wie Rädern reduziert werden könnte. Dies kann man erreichen, indem man die Radsätze nachgiebig lagert (»Vereinslenkachse«), so dass sie selbst der Schienenkrümmung folgen können, oder in dem man sie aktiv etwa durch ein Gestänge lenkt.

In den Versuchen erprobte man zwei Varianten der aktiven Lenkung ausführlich – im einen Fall lenkte das Drehgestell die Radsätze, im anderen der Lokkasten. Auf eigene Kappe experimentierte Krauss-Maffei noch mit einer dritten Variante – diese stützte sich über Dämpfer auf den Lokkasten.

Langer Rede kurzer Sinn: In fünf Jahren Versuchen entpuppte sich der Gewinn – zumindest bei den angestrebten hohen Geschwindigkeiten – als vernachlässigbar, dafür stieg der Justage- und Wartungsaufwand erheblich. Nachdem im Januar 1995 ein Lokführer während einer Versuchsfahrt auf der Frankenwaldbahn Flachstellen in den Rädern bemerkte, legte er bis Nürnberg die Klotzbremse an in der Hoffnung, die Unwucht zu beseitigen. Der entstandene Schaden markierte das Ende der Versuche – die für die

Auch 120 003 wurde zum Bahndienstfahrzeug der DB Systemtechnik: Als 752 003 wartet sie am 3. April 2001 in München (Werk Hbf) auf ihren nächsten Einsatz. *Foto: V. Emersleben*

Experimente zeitweise zur 752 003 umgezeichnete Lok erhielt ihre ursprünglichen Drehgestelle zurück Die Lok existiert noch, ist aber nicht mehr betriebsfähig. Auf langsameren Strecken mit engeren Radien bewährte sich das Prinzip der Radiallenkung durchaus: Die schweizerische Re 460 (»Lok 2000«) und ihre Abkömmlinge sind damit ausgestattet und zeigten auf den krümmungsreicheren Gebirgsstrecken der Alpen deutlich gesenkten Verschleiß.

12.4 120 004

Im Laufe ihres Lebens als Versuchsträger erfuhr die vierte 120er-Vorserienlok die weitestgehenden Modifikationen. Es ist keinesfalls übertrieben, sie als Prototyp der späteren DB-Baureihe 101 im Kleid einer 120 zu bezeichnen. An ihr experimentierten auch die zwischenzeitlich fusionierten Firmen ABB und Henschel mit radialer Radsatzlenkung und GTO-Thyristoren. Darüber hinaus wurden weitere Neuheiten getestet: So nutzte man Ester statt Mineralöl als Kühlmittel für den Trafo und die Stromrichter und baute wieder die bereits im Diesel-Versuchsträger DE 2500 eingesetzten, durch Zug-/Druckstangen mit dem Lokkasten verbundenen Flexifloat-Drehgestelle ein. Motor und Getriebe bildeten eine neuartige Einheit, den Integrierten Gesamt-Antrieb; alle Radsätze wurden von eigenen GTO-Stromrichtern versorgt und einzeln durch eine neue, leistungsfähigere Generation der Motorregelung, die Direkte Selbstregelung (DSR), gesteuert, was eine höhere Adhäsionsausnutzung erlaubt. Versuchsweise baute man die in der Baureihe 101 serienmäßigen Scheibenbremsen in 120 004 ein. Große Teile der bisherigen Loksteuerung übernahm das von ABB entwickelte MIcas-S (»Micro-Computer Automatisierungs-System, Variante S«. Das »S« steht für schnell; daneben existierten noch -L für langsame Klimaregelung sowie -E für mittlere Aufgaben.). Dieses beinhaltet ein Bussystem: Statt vieler Einzelleitungen zu den jeweiligen Komponenten von Antrieb und Elektrik legt man dorthin nur ein Signaldrahtpaar, baut dort Empfänger in Form von Kleincomputern ein und sendet vom Führerstand

Leipzig Hbf am 21. Februar 2006: Als 752 004 unternimmt die Vorserienlok 120 004 eine Testfahrt für ETCS.

Foto: V. Emersleben

Leipzig Hbf am 21. Februar 2006: Als 752 004 unternimmt die Vorserienlok 120 004 eine Testfahrt für ETCS.

Foto: V. Emersleben

über den Bus nur Datentelegramme, die den jeweiligen Komponenten sagen, was zu tun ist. Das spart Bauteile, Kabel und damit Gewicht und ermöglicht dennoch eine präzisere Steuerung. Bis 1995 diente die zeitweilig 752 004 genannte Lok als Versuchsträger, als 120 004 weilt sie – nicht betriebsfähig – im DB-Museum Koblenz-Lützel.

12.5 120 005

Wenig verwunderlich: Auch 120 005, während ihrer Versuchsträgerphase 752 005 geheißen, erhielt nach einem entsprechenden Beschluss des DB-Entwicklungsausschusses vom 27. Juni 1989 GTO-Thyristor-Stromrichter. Das reduzierte nicht nur die Zahl der Halbleiter von 480 auf 80, die verfügbare Leistung stieg auf sechs Megawatt. Auch die 120 005 baute man auf Einzelachsantrieb um und installierte das Micas-Bussystem. In der 752 005 wurde es durch DAViD ergänzt, den »Diagnose-, Aufrüst- und Vorbereitungsdienst mit integrierter Displaysteuerung«. Mit dem Lokpersonal kommuniziert DAViD per Flüssigkristallbildschirm und löst nebenbei geschlagene 54, bis dahin im Himmel des Führerstandes angebrachte, Fehleranzeigen ab. Diese hatten im ersten Exemplar der dänischen Variante (Kapitel 13.2), »EA 3000«, die Nerven der Lokführer strapaziert. 120 005 steht als Dauerleihgabe im ehemaligen Bw Weimar in der Obhut des Thüringer Eisenbahnvereins (TEV).

Als Versuchsträger für die neue Baureihe 101 hat 120 005 am 27. Januar 1993 einen IC aus Probstzella nach Nürnberg gebracht und vom Zug abgekoppelt.

Foto: V. Emersleben

Am 30. Mai 1993 hat 120 005 in Probstzella den IC nach München übernommen. *Foto: V. Emersleben*

Systemwechsel am 4. Februar 1993: Nachdem die Diesellok 232 376 der DR den IC Saaletal von Halle (Saale) nach Probstzella gebracht hat, übernimmt 120 005 der DB den Zug für die Weiterfahrt in Richtung München. Dafür übergibt der Zugführer den Bremszettel an den Lokführer. *Foto: V. Emersleben*

13. Direkte Verwandte

Die Baureihe 120 beeinflusst bis heute die Technik von E- und Dieselloks weltweit – der erste erfolgreiche Einsatz von Leistungselektronik und Drehstrom-Asynchronmotor in einer Hochleistungs-Universallokomotive änderte den Kurs der Branche für immer. Aber die Drehstrom-Pionierin hatte nicht nur Vorbildfunktion, sondern auch direkte Verwandtschaft – manche ist heute noch unterwegs.

Zwischen diesen beiden Loks liegen mehrere Jahrzehnte an technischer Entwicklung: Am 17. Mai 2018 begegnet die Drehstromlok 120 101 im Leipziger Hauptbahnhof der Einheits-Ellok 115 459. Foto: V. Emersleben

lles quadratisch
raktisch Gute!
NEU
59-0
2

13.1 NSB El 17

Die Norwegische Staatsbahn NSB hatte sich zu Beginn der Bahnelektrifizierung dem von Deutschland, Österreich, der Schweiz und Schweden vereinheitlichten Bahnstrom mit 15 kV und 16 ⅔ Hz angeschlossen. Ende der 1970er Jahre war man dort auf der Suche nach neuem Rollmaterial fürs Intercity-Netz. Man hatte zwar Triebzüge erwogen, entschied sich aber letztlich für lokbespannte Garnituren, von denen man sich größere betriebliche Flexibilität versprach. Unter Beteiligung des lokalen BBC-Ablegers Norsk Elektrisk & Brown Boveri (NEBB) entstanden bei Thyssen-Henschel 1981 zunächst sechs Exemplare der El 17. Obwohl äußerlich deutlich anders gestaltet, basierte ihre Technik auf der der Baureihe 120. Allerdings hatte die El 17 nur eine Leistung von 3000 kW (120: 5600 kW) und aus diesem Grund nur zwei Stromrichter, was sich in zunächst nicht berücksichtigter Weise aufs Bahnstromnetz auswirkte. Die von der El 17 erzeugten Störfrequenzen waren halb so hoch wie die der Baureihe 120, hatten damit aber eine doppelt so hohe Stromamplitude, störten folglich das Bahnstromnetz und vor allem die die Bahnlinien begleitenden Kommunikations- und Signalleitungen stärker. Wie bei der 120 schafften Filter Abhilfe. Die Loks waren für eine Höchstgeschwindigkeit von 150 km/h ausgelegt, ihre Achslast lag mit 64 Tonnen um 20 Tonnen unter der der Baureihe 120. In ihnen arbeiteten vier Fahrmotoren des Typs NEBB BQg 3855. Die El 17 waren die ersten NSB-Elloks, deren mechanischer Teil aus Deutschland bezogen wurde. Mit einer Länge von 16,3 Metern waren sie deutlich kürzer als die Baureihe 120 (19,2 m).

Der Blick auf den Kalender verrät: Die El 17 basierten auf der auch für die fünf Prototypen der BR 120 gewählten Technik – und wurden von ähnlichen Problemen geplagt, unter anderem Bränden. Wegen der Kinderkrankheiten ließ die NSB die El 17 anfangs nur zu zweit auf die Strecke, damit die zweite Lok beim Ausfall der ersten übernehmen konnte. Kurioserweise fachte die Doppeltraktion neue Störungen durch die Netzfilter an, die erst beseitigt werden konnten, nachdem diese neu berechnet worden waren. Die NSB kurierten zusammen mit den Herstellern die Macken der Loks über Jahre – erst, als sich die Modifikationen als einigermaßen betriebsfest erwiesen, bestellte man 1987 weitere sechs Exemplare. Völlig problemlos verhielten aber auch diese sich nicht, weshalb die Baureihe bei der NSB nicht sonderlich gut gelitten war.

Mit dem Einsatz der El 18 ab 1996 verlagerten sich die Einsätze der El 17 auf Regional- und Rangierdienste. Für den Einsatz auf der Flåmsbana, einer Touristenbahn, wurden sechs El 17 grün lackiert. Auf der 20,2 km langen Steilstrecke beförderten je zwei El 17 im Sandwich sechs Personenwagen. Mit Lok 2226 wurde die erste El 17 bereits 1998 verschrottet, der Großteil der Flotte hingegen erst in den Jahren 2015 und 2016. Als Museumsstück blieb im Bestand (leider nicht der Ausstellung) des Norsk Jernbanemuseum in Hamar El 17 2223 erhalten; El 17 2230 steht in Flåm.

Am 23. Mai 2010 befördert die El 17 2229 einen Zug der Flåmsbana.

Foto: Wikimedia Commons - Bernt Rostad (CC BY 2.0)

Nach der Ablösung durch El 18 wartet El 17 2229 auf die Verschrottung. *Foto: Wikimedia Commons – Kabelleger/ David Gubler (CC BY SA 4.0)*

El 17 2230 wartet am 7. Juli 2007 im Bahnhof Flåm auf die Abfahrt. *Foto: Wikimedia Commons – Arsenikk/Alasdair McLellan (public domain)*

Besonders die markante Gestaltung der Front fiel bei den Loks ins Auge: El 17 2229 der Flåmsbana am 27. Mai 2009. *Foto: Wikimedia Commons – Jun Kwang Han (CC BY-SA 2.0)*

El 17 2227 erreicht mit ihrem Zug am 19. Mai 2006 den Bahnhof Myrdal, wo die Flåmsbana von der Bergenbahn abzweigt. *Foto: Wikimedia Commons – Giorgio Giorgetti (CC BY 2.0)*

13.2 DSB EA

Dänemark ist umgeben von Ländern mit 15-kV/-16 ⅔-Hz-Bahnstrom. Dennoch waren die Gleise dieses Landes bis Mitte der 1980er Jahre ohne Fahrdraht. Erst die sogenannte Ölkrise 1973, in deren Folge sich auch für die Bahnen der Dieselkraftstoff sprunghaft verteuerte, brachte die Dänische Staatsbahn DSB zu der Erkenntnis, dass Elektrobetrieb wirtschaftlicher und umweltfreundlicher ist. Weil man sich dadurch Einsparungen von 14 Prozent erhoffte (und vermutlich auch, weil zu jener Zeit das Gleisnetz in äußersten Norden Deutschlands nicht elektrifiziert war, man also ohnehin an der Grenze umspannen musste), entschied man sich gegen den Bahnstrom der Nachbarn und für 25 kV/50 Hz. Dafür suchte man geeignetes Rollmaterial. Dem Wunsch nach einer Universallokomotive entsprechend, fiel die Wahl der DSB auf die Baureihe 120 als Basis. Äußerlich ist die Verwandtschaft nicht sofort erkennbar, denn der Lokkasten der EA basiert auf dem Design der kurz zuvor in Dienst gestellten DSB-Diesellokreihe ME. Wie die ME entstanden die ersten beiden EAs (3001, 3002) bei Henschel in Kassel, der Rest der Baureihe bei Scandia A/S in Randers (Dänemark). Insgesamt wurden 22 Lokomotiven produziert – zehn von 1984 bis 1986, weitere zwölf von 1992 bis 1993. Mit einer Reise-Höchstgeschwindigkeit von 175 km/h und einer Leistung von 4000 kW war die EA etwas schwächer dimensioniert als die Baureihe 120. Andere technische

EA 3014 der Danske Statsbaner (DSB) am 1. Juli 2007 im Bahnhof Ringsted. *Foto: Wikimedia Commons – Spoorjan/ Jan Oosterhuis (CC BY-SA 3.0)*

Am 16. Oktober 2020 schiebt in Kopenhagen EA 3020 einen Doppeldecker-Zug in den Bahnhof Østerport. Zehn Tage später wurde die Baureihe EA durch die Baureihe EB ersetzt. Foto: Wikimedia Commons - Dannebrog Spy/ Leif Jørgensen (CC BY-SA 4.0)

Bahnhof Helsingør der DSB: Im Oktober 1985 waren die Vorbereitungen für den elektrischen Betrieb der Kystbanen in vollem Gang. An einem Oktobernachmittag gelang es dem Fotografen, zwei Exemplare der künftigen elektrischen Lokomotiven der Kystbanen zu fotografieren. EA 3004 (Scandia/BBC 1985) stand mit einer weiteren EA und einem Messwagen auf einem Abstellgleis. Foto: Wikimedia Commons - Kurt Rasmussen (c)

Unterschiede sind marginal: Die EA sind 18 cm länger als die Baureihe 120, also 19,38 m. Wegen der höheren Netzfrequenz und der geringeren Motoren-Nennleistung konnte ihr Trafo etwas leichter ausfallen als der der 120er; das Hochspannungsfilter der EA kam von Siemens oder BBC Schweiz. Das erste Exemplar der EA wurde auf den 50-Hz-Strecken der luxemburgischen Staatsbahn CFL erprobt, weil die dänischen Strecken zu diesem Zeitpunkt noch nicht fertiggestellt waren.

Mit der Übernahme des DSB-Frachtgeschäfts durch die DB-Tochter Railion im Juni 2001 gelangten zehn EAs (EA 3011 - 3019 sowie 3021) an die neuen Betreiber. Einige der verbliebenen Loks sollten in den 2010er Jahren Wende-Personenzüge befördern, wofür EA 3004, 3007, 3010, 3020 und 3022 mit Zeitmultiplexer Wendezugsteuerung (ZWS) ausgestattet wurden. Die Nachrüstung startete holprig; erst ab 2015 konnten die EA auf den geplanten Strecken die ME-Dieselloks ablösen. EA 3002, 3003, 3005, 3006, 3008 und 3009 wurden im Jahr 2007 nach Bulgarien verkauft, ihnen folgte im Jahr 2021 der Restbestand. Auch die EA-Loks von Railion gingen - über einen Umweg über Rumänien - nach Bulgarien. Lok 3001 ist seit 2017 verschrottet, Nummer 3004 steht seit 2020 im Dänischen Eisenbahnmuseum Odense.

13.3 ICE-1/2-Triebköpfe

Sowohl die fest gekuppelten, als Triebkopf bezeichneten Loks des Versuchstriebzugs InterCityExperimental (anfangs auch ICE/V wie Versuch genannt) wie auch die der Serienzüge der Typen 1 und 2 basieren im Wesentlichen auf der Technik der Baureihe 120. In sie flossen die Ergebnisse aus den Versuchen mit dem UmAn-Fahrzeug (Kapitel 5.4) ein. Die als Baureihe 410 bezeichneten Triebköpfe des ICE/V zogen beziehungsweise schoben drei Mittelwagen und wurden ab 1979 konzipiert - also zeitgleich zur Lieferung der Prototypen der Baureihe 120. Zwischen 1983 und 1985 wurde der ICE/V mit den zwei 410ern gebaut; bis zu seiner Ausmusterung am 1. Januar 2000 war er Versuchsträger. Seine zugelassene Höchstgeschwindigkeit lag bei 350 km/h und damit deutlich über der folgender ICE-Serienzüge.

Ende 1983 wurde mit dem Bau des InterCityExperimental begonnen. Für die Entwicklung und Fertigung des mechanischen Teils der Triebköpfe war federführend Krupp verantwortlich - wie schon bei der Baureihe 120 waren Henschel und Krauss-Maffei Konsortialpartner. Auch beim elektrischen Teil kamen die DB-Hoflieferanten zum Zuge: Siemens als federführendes Unternehmen, dazu AEG und BBC. Triebkopf 410 001 entstand bei Krupp in Essen unter der Seriennummer 5566; Triebkopf 410 002 bei Thyssen-Henschel in Kassel mit der Seriennummer 32850. Ab Oktober 1984 konnte in sie die elektrische Ausrüstung eingebaut werden; im Januar 1985 wurden die Triebdrehgestelle und Wagenkästen »verheiratet«. Besonderheit der 410er: die aus den Versuchen mit der umgebauten DE 2500 übernommene »Umkoppelbare Antriebsmasse« (UmAn). Bei langsamer Kurvenfahrt koppelten elektronisch gesteuerte Pneumatiken die Antriebsmasse an das Drehgestell, bei hohen Geschwindigkeiten an den Fahrzeugrahmen. Wie bei den Prototypen der Baureihe 120 waren auch die Führerstände der ICE-/V-Triebköpfe nicht druckdicht. Am 1. Mai 1988 erreichte der mit diesen beiden Triebköpfen bespannte Versuchszug kurz vor Eröffnung der Neubaustrecke Fulda - Würzburg bei Burgsinn eine Höchstgeschwindigkeit von 406,9 km/h. Im Jahr darauf, am 5. Dezember 1989, war ein französischer TGV mit 482,6 km/h allerdings noch einmal deutlich schneller. Mit einer Dauerleistung von 3640 kW pro Triebkopf lag der ICE/V unter der der Baureihe 120, dafür waren sie mit 20,81 m mehr als einen Meter länger als die 120er-Loks und mit einem Gewicht von 78,2 t etwas leichter als diese.

Die daraus abgeleiteten und von 1988 bis 1993 gebauten Fahrzeuge der Baureihe 401 für die Serien-ICE-1 und -2 fielen etwas niedriger aus - sie hatten dieselbe Höhe wie die Wagen des Triebzugs, was der Aerodynamik zugute kam. Leistungsmäßig hatten sie aufgeholt, erreichten mit je 4800 kW aber immer noch nicht die Kraft der BR 120. Da ein ICE 1 aber grundsätzlich aus zwei Triebköpfen besteht, ist die zur Verfügung stehende Leistung dennoch mehr als ausreichend – vor Güterzügen sollten die ICE-Triebköpfe ja nie zum Einsatz kommen. Anders als bei den Triebkopf-Prototypen verzichtete man bei den Serienfahrzeugen auf die aufwendige UmAn-Mimikri: Die Drehstrom-Asynchronmotoren sind zusammen mit dem Getriebe und der die Antriebshohlwelle umgebenden Bremshohlwelle zwischen Drehgestellrahmen und Fahrzeugrahmen aufgehängt. Die Triebköpfe dürfen im Regelbetrieb maximal 280 km/h schnell fahren, waren mit etwa 80,4 t (erste Serie) ebenfalls etwas leichter als die Loks der Baureihe 120 und mit 20,56 m etwas länger als diese. Im Gegensatz zum Experimentalzug sind die Führerstände der regulären Flotte von Anfang an druckdicht. Die Baureihe 401 erhielt gleich zwei der in 120 005 erprobten DAViD-Systeme (Kapitel 12.5.), deren Informationen auf links und rechts vom Bedienpult des Führerstands untergebrachten Bildschirmen angezeigt werden.

Die Leistungselektronik der ersten Serie (Triebköpfe 401 001 bis 020 und 401 501 bis 520) entspricht der der ersten Exemplare der Baureihe 120, in den Fahrzeugen 401 051 bis 090 sowie 401 551 bis 590 kamen Stromrichter von Siemens mit den leistungsfähigeren GTO-Thyristoren des Hauses zum Einsatz. Diese sind auch deutlich leichter, wodurch das Gewicht der Triebköpfe auf rund 78 t sank.

Die ab 1994 bis 1998 gebauten ICE-2 sind im Prinzip halbierte ICE-1 mit nur je einem Triebkopf, sechs Mittelwagen und einem Steuerwagen. Mit ihnen werden schwächer frequentierte Strecken und die Tagesrandzeiten bedient. Je zwei ICE-2 lassen sich per Scharfenbergkupplung zu einem Langzug zusammenfügen und wieder trennen, wodurch die Bahn Flügelzüge realisieren konnte, also Züge, die sich an Knotenpunkten des Netzes trennen oder dort kombiniert werden. Zum Start der Flotte waren die Mittelwagen der ICE 2 deutlich moderner eingerichtet als die der ICE-1, zudem etwas leichter. Die Technik der Triebköpfe ist aber praktisch identisch. Sichtbarster Unterschied ist der aus der Bugklappe hervorstehende Greifer, der Teil der Scharfenbergkupplung ist.

Zum Zeitpunkt der Erstellung dieses Buchs werden die verbliebenen 58 ICE -1-Garnituren überholt; sie sollen bis 2030 im Einsatz bleiben. Im September 2008 erhielt

Mittlerweile seit 30 Jahren erfolgreich im Einsatz: Ein ICE 1 (Baureihe 401) erreicht Mannheim Hbf aus Richtung Süden (17. Juni 2015).
Foto: Wikimedia Commons – kitmasterbloke (CC BY 2.0)

ABB den Auftrag, zwei ICE-1-Triebköpfe auf die nochmals effizienteren IGBTs (»insulated-gate bipolar transistor«; Bipolartransistoren mit isolierter Steuerelektrode) als Stromrichter umzurüsten. In 13 Monaten entwickelte ABB einen Prototyp, der 2010 im Triebzug 111 getestet wurde. Die IGBTs senken laut Hersteller den Stromverbrauch um rund 15 Prozent, was – zum damaligen Zeitpunkt – die Stromrechnung pro Zug und Jahr um rund 100.000 Euro kürzen sollte. Die Tests verliefen erfolgreich; in der Folge erhielt ABB den Auftrag, 18 weitere ICE-Garnituren umzurüsten. Dies betraf alle noch mit Thyristoren ausgestatteten Triebköpfe der ersten Serie und zwei GTO-Ausführungen. Im Herbst 2021 vereinbarte die DB mit ABB die Aus- beziehungsweise Umrüstung von insgesamt 76 ICE-1-Triebköpfen mit IGBT-Stromrichtern der jüngsten Generation. ABB verspricht in einer Pressemitteilung, durch die neueste Technik nochmals acht Prozent Strom zu sparen und die Beanspruchung der Motoren zu senken. Zudem soll sie die Züge etwas leiser machen. Noch ein positiver Nebeneffekt der IGBT-Aufrüstung: Die in den originalen ICE-1-Triebköpfen wie der Baureihe 120 noch nötigen Netzfilter und die vier Motorvordrosseln konnen einfach entfallen.

Da hier der französische TGV schon erwähnt wurde: Baureihe 120 und die erste ICE-Generation profitierten von ihrer Jugend. Die für das 1981 eröffnete Teilstück der TGV-Strecke »LGV Sud-Est« (Paris – Lyon) gebauten gleichnamigen TGVs der ersten Generation hatten noch von Thyristoren gespeiste Gleichstrommotoren. Drehstromtechnik war den nachfolgenden Generationen vorbehalten. Das Niveau der Baureihe 120 erreichte die TGV-Technik aber erst ums Jahr 2000 herum.

14. Nachwort

Die Geschichte und Entwicklung der Drehstromtechnik wie der Leistungselektronik ist typisch für fast alle technischen Innovationen des Industriezeitalters: Nur selten sind neue Technologien auf Anhieb so gut und perfekt, dass sie jedermann ohne Einschränkungen nutzen kann und will. Schon im 15. Jahrhundert beschäftigte sich Leonardo da Vinci mit Flugmaschinen; der als »Schneider von Ulm« bekannt gewordene Albrecht Ludwig Berblinger wurde für seine Flugversuche Anfang des 19. Jahrhunderts verspottet. Beide waren ihrer Zeit weit voraus. Der Erfinder des Luftreifens, Robert William Thomson, konnte mit den 1845 verfügbaren Materialien seine Idee nicht umsetzen; als John Boyd Dunlop 1888 sein Patent auf Luftreifen anmeldete, ahnte er nicht einmal etwas von den Arbeiten Thomsons.

120 145 von Widmer Rail Service noch im alten DB-Lack am 17. Mai 2020 mit dem DGS 95141 auf dem Weg von Ingolstadt nach Singen bei Wettelsheim kurz hinter Treuchtlingen. Am Zugende läuft kalt die silberne 182 602 mit.

Foto: A. Dollinger

Allem Anschein nach fälschlicherweise schreibt man dem damaligen deutschen Kaiser Wilhelm II. das Zitat zu: »Ich glaube an das Pferd. Das Automobil ist eine vorübergehende Erscheinung.« Wer den Stand der Automobiltechnik zu Beginn des 20. Jahrhunderts kennt – der erste Benz-Motorwagen war nicht mehr als eine offene Kutsche mit drangebasteltem Benzinmotor – kann sich aber vorstellen, dass auch diese technische Revolution anfangs aus gutem Grund auf wenig Begeisterung stieß. Beharrlichkeit, Versuch und Irrtum, aber auch der Glaube an die Richtigkeit einer Idee führten letztlich zum Erfolg.

So war es auch mit dem Drehstrom als Antrieb für Eisenbahnen. Mit der um 1900 verfügbaren Technik war kein alltagstauglicher Bahnbetrieb möglich; im Nachhinein ist es mehr als erstaunlich, dass Italien sein Drehstromnetz bis 1976 unterhielt. Die ersten zarten Pflänzlein der Leistungselektronik blühten erst ab den 1960er Jahren – und bis deren Kinderkrankheiten kuriert und die Technik mit IGBT-Komponenten ihre heutige Zuverlässigkeit und Leistungsfähigkeit erreicht hatte, war auch die Baureihe 120 größtenteils längst Geschichte.

Was bleibt, ist der Mut von Henschel und BBC, mit der DE 2500 den entscheidenden Schritt zum modernen Drehstromantrieb getan zu haben und von der damaligen Deutschen Bundesbahn, den Übergang zur neuen Technik nach Kräften gefördert und den holpernden Start der Baureihe 120 ertragen zu haben. Aus heutiger Perspektive war die Entscheidung für den Drehstromantrieb weitsichtig und zukunftsweisend. In praktisch jeder modernen Streckenlok, in praktisch jedem modernen Triebzug stecken die Nachkommen der Pionierleistungen von BBC und Henschel.

Am 28. März 2022 durchfährt 120 145 in Schlumpf-Blau mit dem DGS 91338 (Ingolstadt – Karlsruhe Gbf) den ehemaligen Bahnhof Möhren bei Treuchtlingen. *Foto: A. Dollinger*

Foto links: Abschied vom IC-Dienst: Am 5. Juli 2020 endete offiziell der Einsatz der Baureihe 120 im Fernverkehr der DB. An diesem Tag beförderte die entsprechend dekorierte 120 105 ein letztes Mal den Intercity 2161 von Stuttgart nach Nürnberg. Die Aufnahme gelang nahe Ellwangen-Rindelbach (Ostalbkreis). *Foto: Ch. Kissel*

15. Übersicht Was wurde aus den 65 Loks

Lok-Nr.	Mechanik-/Elektrik-lieferant	Baujahr	End-abnahme	Betreiber	Serien-nummer	Werbemotive
120 001	Krauss-Maffei/BBC	1979	11.10.80	DB Systemtechnik	19858	
120 002	Henschel/BBC	1979	21.01.81	DB Systemtechnik	32017	»Der Umwelt zuliebe innovative Technik« – AEG (1993)
120 003	Krupp/BBC	1979	26.09.80	DB Systemtechnik	5447	
120 004	Henschel/BBC	1979	12.12.80	DB Systemtechnik	32018	»1. Hochleistungslok mit Scheibenbremsen« – DB/ABB (1996)
120 005	Krupp/BBC	1979	02.10.80	DB Systemtechnik	5448	
120 101	Krauss-Maffei/Siemens	1987	19.11.87		19950	
120 102	Krupp/AEG	1987	11.12.87	BLC-Bahnlogistik24 GmbH	5567	Baden-Württemberg (2000)
120 103	Thyssen-Henschel/BBC	1987	27.08.87		32881	
120 104	Thyssen-Henschel/BBC	1987	17.12.87		32882	
120 105	Krupp/AEG	1987	03.12.87		5568	
120 106	Krauss-Maffei/Siemens	1987	04.12.87		19951	
120 107	Thyssen-Henschel/BBC	1987	26.11.87	DB Regio Nordost	32883	
120 108	Krupp/AEG	1987	27.10.87		5569	
120 109	Krauss-Maffei/Siemens	1987	01.10.87		19952	
120 110	Thyssen-Henschel/BBC	1987	20.08.87		32884	Baden-Württemberg (2000)
120 111	Krupp/AEG	1987	09.11.87		5570	
120 112	Krauss-Maffei/Siemens	1987	31.08.87		19953	»My World« – Märklin (2012)
120 113	Thyssen-Henschel/BBC	1987	02.11.87		32885	
120 114	Krupp/AEG	1987	30.10.87		5571	
120 115	Krauss-Maffei/Siemens	1987	29.10.87		19954	
120 116	Thyssen-Henschel/BBC	1987	04.11.87	BLC-Bahnlogistik24 GmbH	32886	
120 117	Krupp/AEG	1987	26.11.87	DB Regio NRW	5572	
120 118	Krauss-Maffei/Siemens	1987	05.11.87		19955	Baden-Württemberg (2000)
120 119	Thyssen-Henschel/BBC	1987	27.11.87	BLC-Bahnlogistik24 GmbH	32887	»70 Jahre Micky Maus« – Walt Disney/Märklin (1999)

der Baureihe 120?

Zustand	umgezeichnet (Jahr)	Anmerkungen
verschrottet	752-001 (1989)	nach Unfall in Süßen ebenda verschrottet am 25.05.2004
verschrottet	752-002 (zeitw.)	verschrottet am 17.05.2005 im AW Nürnberg
nicht betriebsfähig	752-003 (zeitw.)	BSW-Gruppe Garmisch, Bahnpark Augsburg
nicht betriebsfähig	752-004 (zeitw.)	2012 an DB-Museum Koblenz-Lützel
nicht betriebsfähig	752-005 (zeitw.)	2010 an Museum Thüringer Eisenbahnverein e.V. Weimar
nicht betriebsfähig		DB-Museum Koblenz-Lützel
betriebsfähig		
verschrottet		außer Dienst seit 30.06.2018, seit Juni 2019 Ersatzteilspender beim AW Dessau, verschrottet am 21.04.2021 bei Bender in Opladen
nicht betriebsfähig		SSM Leipzig-Engelsdorf
nicht betriebsfähig		SSM Leipzig-Engelsdorf
verschrottet		außer Dienst seit 01.11.2016, verschrottet im August 2017 AW Dessau
nicht betriebsfähig	120 203 (2007)	SSM Leipzig-Engelsdorf
nicht betriebsfähig		SSM Leipzig-Engelsdorf
verschrottet		außer Dienst seit 31.03.2015, verschrottet am 11.12.2015 im Bw München
verschrottet		außer Dienst seit 30.09.2016, verschrottet im August 2017 im AW Dessau
nicht betriebsfähig		SSM Leipzig-Engelsdorf
verschrottet		außer Dienst seit 27.12.2017, verschrottet am 23.04.2018 bei Bender in Opladen
nicht betriebsfähig		SSM Leipzig-Engelsdorf
nicht betriebsfähig		SSM Leipzig-Engelsdorf
nicht betriebsfähig		außer Dienst seit 28.02.2019, 2019 SSM Leipzig-Engelsdorf
betriebsfähig	120 201 (2007)	außer Dienst seit 28.06.2018, 2018 verkauft an Nürnberger Leasing, aktuell BLC
nicht betriebsfähig	120 206 (2010)	außer Dienst seit 17.10.2018, 2019 SSM Leipzig-Engelsdorf
nicht betriebsfähig		SSM Leipzig-Engelsdorf
betriebsfähig		

Lok-Nr.	Mechanik-/Elektrik-lieferant	Baujahr	End-abnahme	Betreiber	Serien-nummer	Werbemotive	
120 120	Krupp/AEG	1987	17.12.87	BLC-Bahnlogistik24 GmbH	5573	Baden-Württemberg (2000)	
120 121	Krauss-Maffei/Siemens	1987	02.12.87	BLC-Bahnlogistik24 GmbH	19956		
120 122	Thyssen-Henschel/BBC	1987	23.12.87		32888	Baden-Württemberg (2000)	
120 123	Krupp/AEG	1987	22.01.88		5574	Baden-Württemberg (2000)	
120 124	Krauss-Maffei/Siemens	1987	27.01.88		19957	Baden-Württemberg (2000)	
120 125	Thyssen-Henschel/BBC	1987	01.03.88	DB Systemtechnik	32889		
120 126	Krupp/AEG	1987	24.02.88		5575	Baden-Württemberg (2000)	
120 127	Krauss-Maffei/Siemens	1987	26.02.88	BLC-Bahnlogistik24 GmbH	19958		
120 128	Thyssen-Henschel/BBC	1987	14.03.88	DB Regio Nordost	32890		
120 129	Krupp/AEG	1987	02.03.88	DB Regio Nordost	5576	Weihnachten – Märklin (1996)	
120 130	Krauss-Maffei/Siemens	1987	14.04.88		19959		
120 131	Thyssen-Henschel/BBC	1988	17.03.88		32891		
120 132	Krupp/AEG	1988	05.05.88		5577		
120 133	Krauss-Maffei/Siemens	1988	14.04.88		19960	Baden-Württemberg (2000)	
120 134	Thyssen-Henschel/BBC	1988	21.04.88		32892		
120 135	Krupp/AEG	1988	04.05.88		5578		
120 136	Krauss-Maffei/Siemens	1988	10.06.88	DB Regio NRW	19961		
120 137	Thyssen-Henschel/B BC	1988	01.06.88		32893		
120 138	Krupp/AEG	1988	10.06.88		5579	Baden-Württemberg (2000)	
120 139	Krauss-Maffei/Siemens	1988	09.12.88	DB Regio NRW	19962	Von Teun Hooks gestaltete Motivlok – Märklin (1997)	
120 140	Thyssen-Henschel/BBC	1988	09.12.88		32894	Baden-Württemberg (2000)	
120 141	Krupp/AEG	1988	13.12.88		5580	Dresdner Bank Investmentgruppe (1997)	
120 142	Krauss-Maffei/Siemens	1988	04.04.89		19963		
120 143	Thyssen-Henschel/BBC	1988	16.03.89		32895		
120 144	Krupp/AEG	1988	14.12.88		5581		
120 145	Krauss-Maffei/Siemens	1988	15.12.88		19964		
120 146	Thyssen-Henschel/BBC	1988	16.12.88		32896		
120 147	Krupp/AEG	1988	19.12.88		5582		
120 148	Krauss-Maffei/Siemens	1988	20.12.88		19965		
120 149	Thyssen-Henschel/BBC	1988	22.12.88		32897		

Zustand	umgezeichnet (Jahr)	Anmerkungen
betriebsfähig		Fristablauf
betriebsfähig	120 205 (2007)	außer Dienst seit 25.04.2019, 2019 verkauft an Nürnberger Leasing, Fristablauf
nicht betriebsfähig		außer Dienst seit 22.07.2017, 2019 SSM Leipzig-Engelsdorf
nicht betriebsfähig		SSM Leipzig-Engelsdorf
verschrottet		außer Dienst seit 09.08.2016, verschrottet am 09.04.2018 bei Bender in Opladen
betriebsfähig		seit 2016 DB Systemtechnik
nicht betriebsfähig		außer Dienst seit 26.02.2018, 2018 SSM Hamm/Rostock SSM Leipzig-Engelsdorf
betriebsfähig		Fristablauf
nicht betriebsfähig	120 204 (2007)	außer Dienst seit 06.02.2019, im August 2019 verkauft an WRS, abgestellt Karlsruhe HBF
nicht betriebsfähig	120 202 (2007)	SSM Leipzig-Engelsdorf
verschrottet		außer Dienst seit 23.11.2015, verschrottet im April 2016 im Bw Nürnberg Rbf
verschrottet		außer Dienst seit 24.11.2015, verschrottet am 10.04.2018 bei Bender in Opladen
nicht betriebsfähig		SSM Leipzig-Engelsdorf
nicht betriebsfähig		SSM Leipzig-Engelsdorf
nicht betriebsfähig		SSM Leipzig-Engelsdorf
verschrottet		außer Dienst seit 30.04.2016, verschrottet am 09.04.2018 bei Bender in Opladen
nicht betriebsfähig	120 207 (2010)	außer Dienst seit 17.10.2018, 2019 SSM Leipzig-Engelsdorf
nicht betriebsfähig		außer Dienst seit 10.10.2018, 2019 SSM Leipzig-Engelsdorf
verschrottet		außer Dienst seit 29.02.2016, verschrottet am 11.04.2018 bei Bender in Opladen
nicht betriebsfähig	120 208 (2010)	außer Dienst seit 06.08.2019, 2019 SSM Leipzig-Engelsdorf
verschrottet		außer Dienst seit 28.02.2017, verschrottet im August 2017 im AW Dessau
nicht betriebsfähig		außer Dienst seit 27.12.2017, Abst. München, SSM Hamm, 2019 SSM Leipzig-Engelsdorf
verschrottet		außer Dienst seit 01.08.2011, verschrottet am (als erste 120.1) 15.10.2011 bei Stoll in Eschweiler
nicht betriebsfähig		SSM Leipzig-Engelsdorf
nicht betriebsfähig		AW Dessau
betriebsfähig		außer Dienst seit 26.02.2018, September 2019 verkauft an WRS
nicht betriebsfähig		SSM Leipzig-Engelsdorf
nicht betriebsfähig		SSM Leipzig-Engelsdorf
nicht betriebsfähig		außer Dienst seit 29.11.2018, Bw Hamburg-Eidelstedt
nicht betriebsfähig		außer Dienst seit 31.12.2018, SSM Leipzig-Engelsdorf

Lok-Nr.	Mechanik-/Elektrik-lieferant	Baujahr	End-abnahme	Betreiber	Serien-nummer	Werbemotive
120 150	Krupp/AEG	1988	02.01.89		5583	
120 151	Krauss-Maffei/Siemens	1988	28.12.88		19966	ZDF-Express (1997)
120 152	Thyssen-Henschel/BBC	1988	23.12.88		32898	
120 153	Krupp/AEG	1988	23.12.88	DB Systemtechnik	5584	DB Systemtechnik (2005)
120 154	Krauss-Maffei/Siemens	1988	17.01.89		19967	
120 155	Thyssen-Henschel/BBC	1988	18.01.89		32899	
120 156	Krupp/AEG	1988	21.03.89		5585	
120 157	Krauss-Maffei/Siemens	1988	17.02.89		19968	
120 158	Thyssen-Henschel/BBC	1989	19.10.89		32900	
120 159	Krupp/AEG	1989	08.12.89		5586	150 Jahre Märklin (2008)/175 Jahre Eisenbahn (2010)
120 160	Krauss-Maffei/Siemens	1989	20.09.89	DB Netz	19969	DB Systemtechnik (2005)

Abkürzungen

SSM Stillstandsmanagement

WRS Widmer Rail Services

Quellen:

Jürgen Hörstel, Karl-Heinz Buchholz/Eisenbahn-Journal Extra 2/19: Baureihe 120

Karl Gerhard Baur/EK-Verlag: Die Baureihe 120, Band 2

https://www.revisionsdaten.de

Zustand	umgezeichnet (Jahr)	Anmerkungen
nicht betriebsfähig		SSM Leipzig-Engelsdorf
nicht betriebsfähig		außer Dienst seit 30.06.2019, war seit Mai 2019 abgestellt in München, SSM Leipzig-Engelsdorf
nicht betriebsfähig		seit April 2019 Bedarfsreparatur München, SSM Leipzig-Engelsdorf
nicht betriebsfähig	120 501 (2005)	
nicht betriebsfähig		außer Dienst 06.08.2017, August 2019 an WRS verkauft, abgestellt Karlsruhe HbF, Ersatzteilspender
nicht betriebsfähig		außer Dienst seit 30.07.2018, SSM Hamm, Dezember 2018 an DB Netz, Aufgleislok Fulda, SSM Leipzig-Engelsdorf
verschrottet		außer Dienst seit 31.03.2016, verschrottet am 10.04.2018 bei Bender in Opladen
nicht betriebsfähig		SSM Leipzig-Engelsdorf
verschrottet		außer Dienst seit 16.06.2010, verschrottet am 15.07.2013 im AW Dessau
nicht betriebsfähig		SSM Leipzig-Engelsdorf
nicht betriebsfähig	120 502 (2005)	seit 2011 DB Netz, abgestellt in Hannover

Anhang:

Bücher/Zeitschriften/Broschüren/Vorträge:

Karl Gerhard Baur: Die Baureihe 120, Band 1/2 / EK-Verlag Freiburg 2014/2015

Jürgen Hörstel, Karl-Heinz Buchholz: Baureihe 120 / Eisenbahn-Journal Extra 2/2019

Abschied von der Baureihe 120 / Modell-Eisenbahner 9/2020

Heinz Güthlein, Rolf Gammert, Richard Oed, Volker Distelrath, Lutz Schwendt: E 120 – elektrische Lokomotiven mit Drehstromantrieb für die Deutsche Bundesbahn

Dipl.-Ing. Walter Spöhrer: Der Weg zur Serienlokomotive Baureihe 120 der Deutschen Bundesbahn / Eisenbahntechnische Rundschau 1/2 1987

Dipl.-Ing. Walter Rappenglück: Serienlokomotive Baureihe 120 der Deutschen Bundesbahn mit Drehstromantriebstechnik / Elektrische Bahnen 6/1987

Heinz Böhm, Günter Krüger: Drehstrom-Hilfsbetriebeumrichter für Triebfahrzeuge am Beispiel der Lokomotive Baureihe 120 der Deutschen Bundesbahn / Elektrische Bahnen 77/1979

Elektrische Universallokomotive E 120 der DB – Datenblatt DVK 1047 81 D / BBC Mannheim 1981

Friedhelm Bitterberg, Werner Teich: DE 2500 – ein Wendepunkt in der Lokomotivtechnik / Eisenbahntechnische Rundschau 11/1971

Prof. Dr. Peter Büchner: 1879-2004 – 125 Jahre Elektrotraktion / Technische Universität Dresden – Elektrotechnisches Institut 5/2004

Werner Deinert: Elektrische Lokomotiven für Vollbahnen / Transpress – VEB Verlag für Verkehrswesen Berlin 1961

Prof. Dr. Andreas Steimel: Elektrische Triebfahrzeuge und ihre Energieversorgung – 4. Auflage / InnoTech Medien GmbH, Augsburg 2017

Guy Depraetere: Drehstrom in Italien – 1902-1976 / Der Lok-Vogel Nr. 64-67 (1-4/2011)

Norbert Lang: Spannende Geschichte – Eine lange Tradition in der elektrischen Eisenbahntechnik / ABB-Technik 2/2010

Andreas Moglestue: Vom Quecksilberdampf zum Hybridleistungsschalter / ABB review 2/2013

Uwe Voss: Schaltung und Steuerung der Triebzüge der Baureihe 420 der Deutschen Bundesbahn / Elektrische Bahnen 40/1969

Peter Strunk: Vom Dampf zur Elektrizität – die deutsche Eisenbahn im Wechsel der Energiewirtschaft / UB Heidelberg 1993

Malcolm Fletcher, John Taylor, Dr. Uwe Erler: Eisenbahnen – das erste Jahrhundert / Transpress-Verlag Stuttgart 1996

Heinrich Petersen: Das große Buch der Eisenbahn / Transpress-Verlag Stuttgart 2018

Internet:

eisenbahn-stolberg.de/zur-verschrottung-der-120-142/
finescalemuc.de/trifasestoria.htm
udokrupp.de/joomla/index.php/loks-d/e-loks-bestand-verbleib/38-baureihe-120-bestand-und-verbleib

Wikipedia

Danksagungen
Mein Dank gilt an erster Stelle Prof. Dr.-Ing. Andreas Steimel, ohne dessen geduldige und kundige Unterstützung dieses Buch nicht in der vorliegenden Tiefe hätte entstehen können.

Des weiteren halfen die folgenden Personen mit Rat und Tat:
der Geschäftsführer Eisenbahnverkehr des Verbands deutscher Verkehrsunternehmen (VDV), Dr. Martin Henke, Patentanwalt Stephan Lück, Prof. Dr. Peter Molnar, Prof. Dr.-Ing. Adolf Müller-Hellmann

Das stimmungsvolle Nachtportrait der 120 107 gelang in München-Ost zur Winterzeit am 8. Februar 2003.

Foto: U. Miethe

Index

A

B

C

D

E

F

G

H

I

K

L

M

N

O

P

Q

R

S

T

U

V

W

Z